|飼|育|の|教|科|書|シ|リ|ー|ズ|

シシバナヘビの教科書

How to keep Western Hognose Snake

シシバナヘビの基礎知識から
飼育・繁殖方法と各品種の紹介

lovely Western Hognose Snake

シシバナと言えば本種セイブシシバナヘビを指すことがほとんど。

ユニークな顔つきに太短かな身体付きが愛らしく、

おだやかな性格も相まって人気急上昇中のペットスネークです。

アルビノ

レッドスーパーコンダ

charming Western

キャンディ

キャラメル

イエロー

Hognose Snake

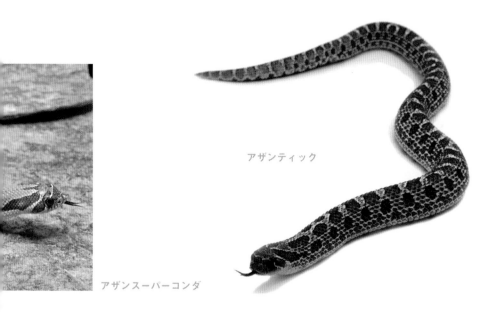

アザンティック

アザンスーパーコンダ

CONTENTS

1

セイブシシバナヘビの
基礎知識

―basic of Western Hognose Snake―

まずはセイブシシバナヘビの基礎知識から。
飼育を始める前に、彼らの生態や棲んでいる国（地域）のことを
知っておくことは、末長く彼らと付き合っていくうえで
非常に重要であり、役立つことも多々あると思います。
想像力を働かせながら読み進めてみてください。

01 はじめに

　セイブシシバナヘビ(*Heterodon nasicus*)はナミヘビ科・マイマイヘビ亜科・シシバナヘビ属に分類される、主に北米大陸（アメリカ合衆国）原産の地上棲のヘビである。広範囲に生息し、北はカナダ南部から北米中央部のノースダコタ州・サウスダコタ州・ネブラスカ州・カンザス州・オクラホマ州およびそれらの州の東西の隣接する州もほぼ含む。そして、分布域の南はテキサス州やニューメキシコ州、さらにはメキシコの北部に至る。

　漢字で書くと「獅子鼻蛇」。獅子鼻とはなんぞや、と思われるかもしれない。辞典を開くと「獅子頭の鼻のように平たくて、小鼻の開いた鼻」とある。まさにシシバナヘビの鼻先のことを指していると言えるだろう。英名でも「Western Hognose Snake」。この「Hognose」もまた「上向きの鼻」「豚鼻」のような意味合いを持つ。もはやこの顔つきに、本種の特徴の90%が集約されていると言っても過言ではないだろう。

　ここ数年は、レオパードゲッコー（ヒョウモントカゲモドキ）やコーンスネークのようにさまざまな爬虫類のモルフ（品種）が欧米を中心に生み出され、日本でもそれらを目にする機会が増えてきた。しかし、

これはごく最近のことで、20年くらい前まではアルビノやアザンティック、それらから作出されるスノーという品種がようやく情報として漏れ聞こえてきたかな、という程度であった。そして、それらの価格は当時、筆者を含む一般人にはなかなか手が出ない価格帯であったと記憶している。まだまだ新しい分野であり、特に遺伝などには不明な部分が多いが、裏を返せばやりがいのある分野とも言えるだろう。

　2022年現在、主にドイツやオランダなどのEU圏で繁殖された個体（CB個体）が毎年定期的に輸入されており、他にはアメリカ合衆国や台湾などからの輸入も見られる。また、近年では日本国内でも熱心な愛好家が次々と定期的な繁殖に成功しており、市場で目にする機会も増えてきた。一方で、野生採集個体（WC個体）に関しては、アメリカ合衆国の野生生物の保護強化の方針もあり、流通機会は激減し、最近では見る機会がほぼなくなってしまった。言い換えれば、数年前までWC個体が流通していたため、CB個体において近親交配の影響が出てしまう心配は少ないとも考えられる。単純にペットとして入手することや個人レベルで繁殖を楽しむことに関して、個

体を手に入れることができなくなるという
心配は、現状でほぼ皆無と言って良い。

Lesson 02 飼育の魅力と楽しみかた

他のポピュラーなヘビ類を差し置いてセイブシシバナヘビを選ぶとなると、それなりの理由（魅力）があると考える。十人十色だと思うが、筆者の考えるセイブシシバナヘビの魅力は、「顔」「飼育のしやすさ」「最大サイズ」にある。

まず「顔」は言わずもがな、他のヘビにはないこの顔つき。後述する近縁種や似た顔を持つヘビも存在するのだが、他の2つの魅力がさらに本種の魅力を増している。「飼育のしやすさ」に関してはさまざまな意見もあるだろうが、餌付いた個体であればコーンスネークやキングスネークなどに勝るとも劣らない飼いやすさだと考える（餌付きに関しては後述）。いや、飼育や個体の条件次第ではそれらよりも飼育しやすい面があるかもしれないとすら思う。「最大サイズ」はオスで45cm前後、メスで70cm前後で、一般的に流通の多いヘビ類（コーンスネークやキングスネーク・ボールパイソンなど）と比べるとかなり小さい。場合によっては半分以下である。故に、飼育スペースも小さくて済み、日本の住宅事情にも非常にマッチしていると言える。極端に狭い飼育ケースで飼うことを推奨するわけではないが、スペース面でヘビの飼育を諦めていた人には、後述のセッティングの項までぜひご一読してほしい。

もちろん、餌付いてない個体は非常に厄介だったり、後牙類のため毒の心配があったりとマイナス面も持ち合わせてはいる。しかし、それらを差し引いても非常に魅力的な種類であると思う。特に餌付きに関しては、本種ではことさらクローズアップされがちなのだが、コーンスネークやキングスネークなども元来は「爬虫類食」が強いヘビであり、孵化直後に冷凍マウスに餌付かない個体はあまた見てきた。にもかかわらず、なぜかシシバナヘビばかりが「餌付かないヘビ」の代表のように言われてしまっているだけというのが現実であるという印象も受ける。

これらの魅力に加え、先ほども少し触れたように近年では次々とさまざまなモルフや色彩変異個体も流通するようになってきたのが嬉しいところだ。コーンスネークなどはそのモルフの多さ（交配の楽しさ）からの人気も大きいと考えるので、シシバナヘビにその魅力が加われば、鬼に金棒…とまでは言わないが、今まで以上に人気が出てくることは確実ではないだろうか。

Lesson
03 生息している地域の気候について

　セイブシシバナヘビの生息地は年間を通して乾燥傾向にあり、小さな岩の多い荒地である。背の低い植物が生えるような場所が点在するような雰囲気を想像してもらえれば良いだろう。そのような植物のある場所には虫が集まり、それらを捕食するカエル類もよく見られる。セイブシシバナヘビもそこに住処をかまえるというような状況だ。また、いずれの地域もある程度明確な"四季"があって、年間で寒暖差が生まれ、冬眠や休眠、場合によっては過度な暑さから逃げるための「夏季休眠」をする習性を持ち合わせている。後述するが、この休眠や冬眠は繁殖においても重要になるポイントであると言え、また、寿命の長短にも関係する可能性がある。

　参考までに、テキサス州のオースティンの気温を見てみると、冬季は0℃こそ下回らないが、最低気温5〜6℃にまで下がる。一方で、夏は35℃前後までに上昇する。これは平均気温であるため、さらに数℃前後すると考えたほうが良いだろう。また、冬は5〜6℃に下がると言っても、その低温から身を守ろうと少しでも暖かい場所（地中など）に逃げることを考え、安直にその数字だけを信用しないほうがよい。

　これらから、日本の気候に似ているとも思われがちだが、決定的な違いは降水量と湿度だ。9月から翌年5月頃までの半年以上、降水量が非常に少なくなる（1カ月平均で降雨が確認される日は4〜5日前後）。また、冬は日本より圧倒的に短く、いわゆる「真冬並みの寒さ」の気温となるのはデータ上では12月と1月のみで、その2カ月においても太陽の日差しは日本より強いと考える。ちなみに、筆者がカリフォルニアのロサンゼルスに1月に出かけた際も日差しは日本と比べものにならないほど強く、日中は半袖でも十分過ごすことができた（そして、みごとに日焼けもした）。しかし、夜間は上着なしでは過ごせないほどであった。

　この温度と湿度の変化、そして、日本との違いは飼育・繁殖を行う際の参考になるだろう。

Lesson 04 生態や生活史

販売されているセイブシシバナヘビの多くは、冷凍のマウスに餌付いた個体であるため、元々哺乳類を食べていると勘違いされがちだ。しかし、野生下では主にカエル類を中心にサンショウウオの仲間（サラマンダー）や、小型のトカゲやヤモリなどの両生類・爬虫類を中心に捕食している。その他は、稀に遭遇する哺乳類や小型の鳥類も食べることがあるという程度で、哺乳類の捕食にはいささか抵抗があるのは明白であり、これが飼育下における「餌付きが悪い」という部分に繋がってくる。カエル類、特にヒキガエルへの反応は非常に良い傾向が見られ、一切餌を食べなかった個体にアズマヒキガエルの幼体を与えたら、入れた瞬間、すさまじい反応を見せて食べたことがある。また、アマガエルへの反応も良いという報告もあるため、生息地ではこのあたりの種類（*Bufo*属：旧*Bufo*属を含むや*Hyla*属）を捕食している可能性が高いだろう。

主に昼行性のヘビだが、カエルの活動が活発になる夜間（夕方）に捕食することは十分に考えられる。また、生息地の夏場の真っ昼間は、おそらくヘビがのんびり活動できる気温ではないと考えられることから、主に朝方と夕方に巣穴から出てきて捕食し、高温となる日中では巣穴に潜んでいるのだろう。その巣穴は自身の鼻先を使って器用に岩の下などを掘ることもあれば、小動物など他の生き物が掘った穴を利用してそこに潜むことも多い。

性格的には基本的に温和で、コブラのように鎌首をもたげて威嚇する個体もしばしば見られるが"単なる威嚇"にすぎず、その勢いで怒って噛みついてくる個体はおそらく100匹に1匹もいない。噴気音を出しながら飛びかかるような仕草をされると驚くと思うが、ヘビの口は開いていることはなく、鼻先で突かれるような形になるだけである。その仕草のたびに飼育者が驚いているとヘビ側にも悪影響が出てしまう（ヘビ側がさらに驚いてしまう）ため、飼育者側がそれに慣れるようにしたい。

それと、本種の特徴的な習性として「擬死」がある。いわゆる「死んだふり」で、外敵に襲われた際、命の危機を感じると、とぐろを巻いた状態でひっくり返って覆面を見せ、動きを止める。その際、舌を出しているという細かな芸当を見せる個体も多く、かなり出来の良い擬死行動だ。ただし、飼育下の、特に繁殖された個体ではそれを

観察できることは非常に稀で、筆者もほぼ見たことがないものの、過去に1度だけ遭遇したことがある。それは、冷凍マウスをその時に限って常温で解凍し、与えようとした時に怒り狂った様子を見せた時のことである。なぜ擬死したのかと、マウスのにおいを嗅いだら、マウスのオシッコのにおい（アンモニア臭）が幾分ただよってきた。

おそらく、哺乳類に上から襲われると思ったのだろう。後にも先にもこの1例だけである。もちろん、無理に擬死をさせることはストレス面を考えても良いことではない。ここでは、そういった習性を持っているということだけ覚えてもらえたら良いだろう。

威嚇体勢を取るセイブシシバナヘビ

Lesson
05 身体

他のヘビ類と比べて長さが短いことに加え、本種の場合、短さのわりに太い。特に大型のメスではなかなかのもので、缶コーヒーの直径かそれよりやや細いくらいにまで達する個体もいる。故に、さらに「ずんぐりむっくり感」が"増し増し"になり、より愛らしさが感じられるという人も多い。

繰り返すが、顔はまさにセイブシシバナヘビの魅力と愛らしさが詰まっている部分であろう。特に反り返った鼻先はその筆頭だが、もちろん、これはかわいい表情で人間に気に入られようとお飾りしているわけではない。岩の下などを掘って巣穴を作ったり、土中に潜む獲物（休んでいるカエルなど）を掘り起こしたりするために使う立派な道具の役割を果たす。実際に鼻先を触ってみるとかなり硬いことがわかる。なお、先ほどから「鼻先」と表記しているが、厳密には「吻端（ふんたん）」であり、言うなれば上唇の一部とも言える部分だ。本当の鼻の穴はそのトンガリのやや後ろの左右に開いている穴である。

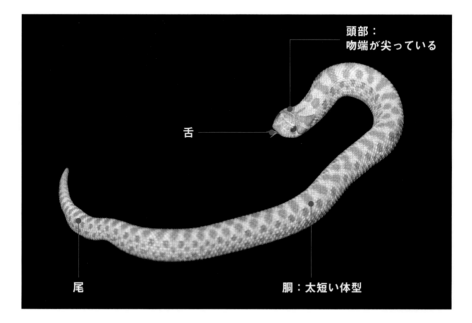

頭部：
吻端が尖っている

舌

尾

胴：太短い体型

口は奥に引っ込んだ位置にあり、他のヘビ類同様、大きく縦に開き、横方向にもかなり柔軟性があるため、かなり大きめの獲物でもぐいぐいと飲み込んでいくことができる。幼体からやや育った個体でも、やもすると小さなピンクマウスを横向きで"鯖折り"にして飲んでしまう個体も見受けられるほどだ。

目は身体に対してやや小さいが、瞳孔は昼行性にありがちな、丸く大きめで、それが穏やかでかわいらしい表情に感じられる。視力は比較的良く、獲物を目で追う仕草は飼育していても見られるだろう。しかし、捕食自体は主に嗅覚と味覚を重視しているようで、目で見つけてもいきなり襲う

というよりは、しっかりとにおいを嗅いだり、舌を出してチェックする個体が多い。

表皮は鱗に覆われているが、鱗は他のヘビ類と比べても粗くで、皮膚も厚め。脱皮した時の脱いだ殻を見るとよくわかるだろう。そのため、他のヘビやヤモリなどと比べても、脱皮の途中で皮がちぎれてしまうことは少なく、脱皮不全は少ない傾向にあると思う。健康で適切に飼育されている個体なら、ほとんどの場合、きれいな脱皮の殻が見られるだろう。また、腹部の鱗（腹板）の大きさはより顕著に幅広く大きい。シシバナヘビの仲間は、特に狭い場所を移動する際、イモムシのようにもぞもぞと移動する姿が観察される。これは胴体を律動

させて大きな鱗（腹板）を地面に引っ掛けるようにして移動しているためで、それにこの大きな鱗をうまく使っているのだと考えられる。

　オスの尾には他の多くの爬虫類同様にヘミペニスと呼ばれる生殖器が収納されており、オスの尾はメスと比べて太く長い傾向があるが、シシバナヘビの仲間はそれが顕著で、ある程度の年齢・サイズに達したオスはメスと比べると一目瞭然と言えるほど尾が太く長い。一方で、メスは総排泄口か

ら尾先にかけて急に細くなり、長さも短め。見慣れると外見だけでの雌雄の判別も容易だと思うが、稀に中間的な個体も存在するので注意が必要である。なお、滅多にいないものの、尾が切れてしまったヘビ類は再生機能を持たない。切れた場所の傷口が塞がり、丸くなるだけなので、尾を強く持ったり飼育ケージに他の大型の生き物が侵入して尾を噛みつかれるなどないようにしたい。

舌を出す（ゴースト）

06 毒について

　セイブシシバナヘビを語るうえで切っても切れない話に「毒」がある。セイブシシバナヘビは昔から毒を持つヘビとしても有名であった。しかし、もちろんハブやコブラのような毒蛇、いわゆる「前牙類」と呼ばれる前歯に毒を持つ種類とは大きく異なる。捕らえた獲物を弱らせるための毒腺を後ろの歯（牙）に持つ「後牙類」という位置付けである。しかし、これも諸説あり、一部の研究者の見解としては毒腺と見なさない説もある。セイブシシバナヘビは奥歯にデュベルノイ腺（Duvernoy's glands）と呼ばれる器官を持つ。これは他の一部のナミヘビ科のヘビにも見られ、獲物を弱らせ消化を助けるための分泌物を出すためのもので、前牙類の毒腺などとは区別すると唱える研究者が多いのだが、前牙類の毒腺と同等だと唱える研究者も存在し、混沌としている状況である。ただ、世界のほとんどの爬虫類研究者はセイブシシバナヘビを無毒のヘビとみなしている。

　いずれにしても2022年現在において、セイブシシバナヘビを飼育するにあたっての規制は全くない。もちろん、噛まれて死亡した例や、命に関わるほどの異常が出た例は世界的にみてもない。よって、必要以上に恐れる心配はないと言えるだろう。特に、奥歯にその分泌物を出す機能があるため、前歯のあたりで軽く噛まれた程度では何の影響も出ない。しかし、セイブシシバナヘビの場合、噛む際はたいてい餌と思って噛みついてくるため、放そうとせず逆にグイグイと飲み込もうとする。そのままにしておくと、デュベルノイ腺を有する奥歯に当たってしまい、分泌物（毒）が身体に入ってしまうのである。

　よって、噛まれてしまった場合は奥歯に当たる前に対処する必要がある。相手は餌だと思って飲み込もうとしているため、下手に動かすと逃してはならないと思いさらに飲み込む力を強めてしまう可能性がある。かなりしっかりと噛まれてしまった場合、筆者が過去に噛まれた経験を元に言えば、噛んでいるヘビの口を、手を使ってそっとこじ開けて引き離す以外に方法はないと考える。水に沈めれば苦しくなって離すという対処法も昔から言われているが、これに関して効果はほぼ期待できない。と言うよりも、数分程度沈めていても彼らは何ともない。数十分沈めておけば話は違うかもしれないが、それは現実的ではないため、牙を傷つけないように手早くそっと引き離

すのが最善であろう。

　なお、筆者が過去に噛まれた症例としては、大型のメスに右手の親指の根元付近をかなりしっかりと噛まれたことがある。その親指は多少腫れたものの、腫れていない左手の親指と並べて比べたら腫れているかなという程度であり、指が曲がらなかった

り動かなかったりというほどではなかった。しかし、これはあくまでも一例であり、体質や噛まれた場所、アレルギーの有無などによって症状は異なると考えられるので、何よりも各自で噛まれないように注意したい。

Column

他にもいる変わった顔のヘビたち①

テングキノボリヘビ（オス）　*Langaha madagascariensis*

テングキノボリヘビ（メス）

セイブハナエグレヘビ　*Gyalopion canum*

2

迎え入れから
飼育セッティング

—from pick-up to breeding settings—

セイブシシバナヘビに対して興味を持ち、
飼育意欲が湧いてきたら、飼育をする準備に入ります。
飼育場所の気温など環境を頭に入れながら、
正しく確実に道具を選ぶようにしましょう！

01 迎え入れと個体選び

近年はセイブシシバナヘビを取り扱うショップも増えた。総合ペットショップなどでも爬虫類に力を入れている店舗なら取り扱っていることも多いが、どうしても扱う数やモルフには限度があり、「さまざまなモルフを見たい」「個体数をたくさん見たい」という人は、普段からセイブシシバナヘビを積極的に取り扱っている爬虫類専門店を見つけておきたい。近年では爬虫類・両生類の展示・即売イベントが各地で盛んに行われており、そのような場所での購入も悪くないだろう。ブリーダー主体のイベント（国内繁殖個体のみを出品対象としたイベント）ではブリーダーから直接話を聞いて購入できる機会であり、チャンスがあれば足を運んでも良いと思う。ただし、開催時間に限りがあるため、販売側が非常に忙しいことが多く、また、買う側もその状況に遠慮がちになってしまい必要最低限の説明しか受けられない（販売側も説明しきれない）ことも考えられる。初挑戦の人や、いくつか不安点がある人は、できるかぎり実店舗に足を運び、じっくりと説明を受けることを推奨する。

持ち帰りかたについてだが、信頼できる店やブリーダーからの購入であれば、時期や個体に合わせて適切なパッキングと保温・保冷対応をしてくれると思うので、任せておけば問題ないだろう。しかし、各個人の移動手段や道中の状況（極端に暑い・寒いなど）は販売側もさすがに把握できないから、購入時にそれらを伝えたり、保温バッグの持参など、ある程度の自衛手段も必要である。暑さにはそこそこ強い生き物なので、真夏の炎天下に放置したり直射日光に当てたりしないかぎりは、春から秋に関してはほぼ心配はないだろう。真冬は使い捨てカイロをお店側が用意してくれる場合が多いが、イベントなどでは用意がない場合も考えられる。念のため、各自持参しておくと良い。カイロは貼る場所によっては暑すぎてオーバーヒート（熱中症）になる危険性があり、不安な場合はお店に任せるなり聞くなりするようにしたい。自分で処理する場合、間違ってもプラカップの真下に直張りするのはNG。文章での説明が難しいのだが「これで効くかな？」というくらいの場所（外袋の内側の側面など）に貼ることがポイント。多少寒い場合でも死んでしまうことはほぼないが、逆に暑すぎれば即死に繋がる。勘違いされがちだが、爬虫類だけではなく、多くの生き物は寒さ

に意外と強い。寒ければじっと我慢するだけだが、暑さが度を越すと熱中症で即死してしまう。乱暴に言ってしまえば、中型サイズのセイブシシバナヘビを真冬にカイロなどの保温対策をなしで約1時間、電車などで持ち帰っても死ぬことはまずないと思う。もちろん、褒められたことではないが、爬虫類に対してこのような考えかたを持っていただけると幸いである。

　個体の選びかたは、まず何よりも気に入った色柄の個体を選ぶことになるのだが、初挑戦の人はできるだけ育った個体を選ぶことをお勧めする。元来丈夫なヘビだが、やはり幼体は成体に比べて体力がなく、多少でも管理などを失敗すると死に繋がってしまう可能性がある。幼体から育てて大きくしたいという人も多いだろうが、より確実に飼育できそうな個体を選ぶようにしたい。また、冷凍マウスに餌付いているかどうかはかなり重要になる。大きく育った個体で冷凍マウスに餌付いていないケースはほぼいないと考えられるが、幼体に関しては餌付きが"甘い"個体も多い。不安な場合は必ず購入時にショップ側に確認するようにしよう。

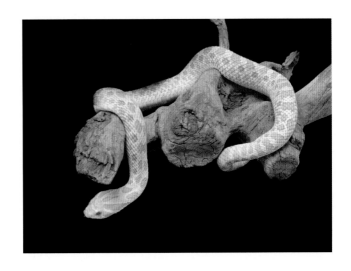

Lesson 02 飼育ケージの準備

　レオパードゲッコーなどの飼育と同様、非常にシンプルな環境で飼育を開始できる。セイブシシバナヘビだからといって特別に必要な用品はなく、他のナミヘビ類の飼育と同様のセッティングで問題はない。

　最低限必要な器具類は、

□ **通気性があり隙間なくしっかりと蓋ができるケース**

□ **床材**

□ **水入れ**

□ **シェルター（隠れ家）**

□ **温度計**

□ **保温器具**

　いずれも、大小は、状況や個体のサイズに応じて変える必要があるが、これらがあればひとまず飼育開始は可能である。その使用方法はセッティング例の写真を参照してほしい。

　まずケージ選びである。オスとメスで成体サイズに差があるのでどちらを選ぶかにもよるが、より大型になるメスを選ぶとして最大が60cm前後だとすると、底面積が40×30cmかそれに準ずるサイズ（もしくはそれ以上）のケージを用意すれば終生飼育が可能だと言える。選ぶポイントは通気性が良くてしっかりとした蓋ができるとい

うこと。爬虫類用として販売されているアクリルケージや爬虫類専用ガラスケージ、大きめのプラケースであれば問題ないだろう。地上棲のヘビなので過剰な高さは必要ないが、高さがあれば乾燥に強い植物の鉢植えを置いてみたり、格好の良いコルク片や流木でレイアウトしたりと飼育の幅が広がるので、それは各自お好みで選択していただきたい。

　ここで注意したいのは自作のケージの使用である。近年では100円均一店や生活雑貨量販店などで入手できる適当なサイズの汎用ケースなどに、通気穴を空けて簡易的なケージとする飼育者も多い。全面的に否定はしないが、少なくとも飼育経験の浅い人や少しでも不安に感じる人には推奨できない。単純な理由で、それらは生き物飼育用として販売されているものではないからである。たとえば、ブリーダーや知人がそのようなケージを使っているとする。何もわからない人は、「それで飼育できる」、いや、「むしろそれがいい」と勘違いしてしまうだろう。しかし、飼育経験の豊富な人はその生き物の特性や飼育に必要な条件を熟知していて、それに合わせて汎用ケースを加工できるのだ。それを、その生き物の

特性や必要な条件などをわからない人が見よう見まねで加工して飼育することは非常に危険であり、絶対にすべきことではない。別に筆者はメーカーの商品を売ろうと思っているわけではない。しかし、有名メーカーの商品（ケージ）であれば、少なくとも爬虫類を飼育するにあたって、購入して説明書きどおりに使用して、その生き物を殺してしまうようなことはまずない。一方で、たとえば100円均一の汎用ケースなどを使った場合、その可能性が生ずるのである。また、飼育に失敗するだけなら良いが、下手をすると火災などを招いてしまうおそれもある。安く済ませたい気持ちはよくわかるが、経験の浅い人ほど生き物飼育用として販売されているケージを使用すべきだ。

床材に関してはさまざま選択肢があるが、一般的によく使われるものは、アスペンチップなどと呼ばれている広葉樹（ポプラ材など）を利用した飼育用床材である。主にハムスターなどの小動物向けに販売されているものを流用するかたちだが、ヘビの飼育には昔からよく使われている。爬虫類用としても発売されており、不安な人はそちらを選ぶと良いだろう。また、乾燥系爬虫類向けのソイルや細かめのバークチッ

プ・爬虫類飼育用の細かめの砂・園芸用の赤玉土なども選択肢に入る。いずれにしても水はけが良く、常に乾いた状態に保てることが条件。また、基本的にヘビの飼育において床材は早めのペースで全交換を行うことになるため、自身にとって取り扱いしやすいものを選ぶと良いだろう。

また、近年では海外のブリーダーからの影響などもあり、ナミヘビ類をキッチンペーパーや新聞紙を使用して飼育する人も多い。もちろんダメではないし、飼育も十分可能である。しかし「楽だから」という理由でそれらを選ぶ人は、高確率で後悔することになるだろう。理由は少し考えればわかると思うが、キッチンペーパーや新聞紙は1枚の紙なわけで、1カ所に糞をすると全部交換することになる。そのため、個体を別なケースに退かし、シェルターなどを全部出して初めて交換ができる。それを週に1回も2回もやることは、はたして楽だろうか？　それならば、アスペンチップなどを敷いて、ネコのトイレのように糞をしたらその周りにくっ付いている床材をやや多めに取って一緒に捨て、取った分を継ぎ足し、ある程度（2〜3週間）したら全交換というほうがはるかに楽だと思う。人それぞ

れ感じかたが違うので何とも言えないが、いかがだろうか。

　なお、アスペンチップやソイル・バークチップなどの床材を敷くと言うと、それらの「誤飲」を心配する人が近年増えている印象を受ける。誤飲は、時に生体に致命傷を与える。しかし、考えてみてほしい。それらは自然界にも存在するものである。そんなものを飲み込んだ程度で次々に死んでいたら、セイブシシバナヘビは野生下からとっくに絶滅していると思う。筆者は今まで相当数のセイブシシバナヘビ、いや、ナミヘビの仲間を管理してきたが、あからさまに誤飲が直接の原因で死亡したと思われる個体は、自身の管理している範疇ではゼロである。その中にはアスペンやソイルなどを誤飲した個体が数え切れないほどいたにもかかわらずである。誤飲を警戒することは悪いことではないし、どうしても不安な人はキッチンペーパーを使用したりするのも悪くない。しかし、誤飲に対してあまりに敏感になりすぎるのは飼育の幅を狭めるだけである。

　その他の用品に関しては、各々気に入ったものを選んで使用すれば良い。シェルター（隠れ家）は各メーカーが発売している市販のものでも良いし、流木やコルク片を使って隠れる場所を作っても良い。ただし、流木を複数を組む場合、できればシリコンや結束バンドなどで固定し、崩れないようにしよう。コルク片程度なら軽いので問題ないかもしれないが、大きめの流木が仮に崩れて個体に直撃してしまったら、小型の個体の場合、当たりどころが悪ければ死亡してしまう可能性もある。少しでも不安があれば何かしらで崩落しないよう固定をしたいところだ。同じ理由で大きめの岩を使う場合も配慮したい。

　温度計はケージ内の気温を把握するためにも設置しておこう。設置場所はヒーターがあれば敷いてない側に。そうすることで、ケージ内で低い部分の気温を知ることができる。特に夜間にどのくらいの気温まで落ちているのかを見て、ヒーターの増減や強弱の変更を考えたい。ただし、市販の簡易的な温度計は完璧なものではないため、あまりにその数字を信じすぎることも危険である。

　水入れは、溜まった水を飲む習性のあるヘビ類の飼育には必須となる。他のヘビ類には脱皮の前に水入れに入ったりして保湿をする種類も多いが、セイブシシバナヘビ

はあまり水入れに入らない個体も多い。し
かし、中には同様のことをする個体もいる
ので、身体が完全に入れる程度の大きさ（深
さ）の水入れを選びたい。あまりに軽かっ
たり安定感が悪かったりすると水が簡単に
こぼれてしまい、床材が濡れて不衛生にな
りがちなので、しっかりと重さがあり底面
積が広い安定感のある容器を選ぶようにし
よう。

飼育セッティング例

Lesson

03 保温器具の選びかたと設置

保温器具は特に慎重に選びたい。chapter1でも触れたとおり、セイブシシバナヘビはやや高めの温度を好むため、飼育だけを考えた温度であれば25〜33℃前後をキープしたいところだ。それより多少低くなっても死ぬことはないが、活性が下がり餌食いは悪くなるかもしれない。また、昼間に温度が上がった時に餌をたくさん与え、その夜にがくっと温度が下がってしまうと消化不良による吐き戻し、場合によっては体内で未消化物が溜まって死亡という危険性が出てきてしまうので、夜間までしっかり加温されているかどうかをチェックする。

基本的にはパネルヒータータイプのものをケージ底面に使用し、もしそれで真冬の温度が上がりきらないようであれば、「暖突」などのケージ上面に設置する強めの保温器具を併用したり、側面にもう1枚パネルヒーターを使用するなどの追加保温をする（暖突などは設置方法に工夫が必要）。保温球タイプのものやエミートタイプのものは温度がしっかり上がる点は良いが、小型ケージだと設置が困難なのと、プラスチックやアクリル製ケースの場合は、万が一そこに触れてしまうと溶けてしまい、火

災に繋がるおそれがある。また、ケージが広くてケージ内に設置できるとしても、ヘビ類はそこに這い上がって電球に巻きついてしまい、火傷をしてしまう可能性があるため、どちらにしても推奨できない。いずれの場合も不安な人は必ず購入時にお店に相談するようにしよう。

注意点として、「このサイズのケージにはこのサイズの保温器具で大丈夫」というような安直な選びかたはやめてほしい。保温器具選びで、ケージのサイズによって強さを決めることは大きく間違ってはいないが、では、非常に気密性の高い新築マンションと築年数うん十年、隙間風たっぷりの一戸建で飼う場合、保温は同じで良いだろうか？ もっと言えば、爬虫類は飼育していないけど犬猫などを飼育していて、24時間365日エアコンや床暖房を稼働している飼育部屋も同じで良いのだろうか？

そう、保温器具の選択は、各家庭の事情も考慮しながら選ぶ必要がある。筆者は初飼育をされる人が保温器具を購入する際、必ず「問診」をする。各々の家庭環境を知らずに安易に保温器具を勧めることは生体の生命に関わるためだからだ。初めて飼育される人で保温器具を悩む場合は、お店に

ケージを設置する部屋の環境（住宅環境）を説明するようにすれば、お店がその状況とケージサイズに適合したものを考えてくれるだろう。

ケージに合う保温器具を選んだら、いよいよ設置。ポイントは「全体を暑くしすぎないこと」である。たとえばパネルヒーターをケージの下に敷く場合、季節や家の環境にもよるが、ケージの半分から3分の2の面積にヒーターを当てるようにし、温度が足りなければヒーターが当たる面積を増やす。この際、必ず一部（最低4分の1程度）はヒーターがない部分を作るようにする。これは生体の「逃げ場所」を作るためで、クールダウンできる場所を作ってあげないと、個体は熱射病などで場合によっては即死してしまう可能性もある。ヒーターのない所で24〜26℃前後、ヒーターの上で30〜33℃前後にできれば無難だろう。

先述したが、生き物全般、暑いより多少寒いほうが死亡リスクは少ないと考えれば、加温は「温度が少し足りないかな?」という程度から少しずつ行うようにしたい。温度計で数値を確認しつつ、基本的には個体の行く場所を観察して加温の強弱をするように心がけたい。常にヒーターの上にいるようであれば「ケージ内が寒い」、逆に、ヒーターから過剰に逃げるようにしていれば「暑すぎる」、1日のうちに時間によって行ったり来たりしているのであれば「ある程度ちょうど良い」といった具合である。ざっくりとした言いかたで、あくまでも目安だが、野生生物の生活力（危機管理能力）は想像以上なので、それをうまく利用しない手はないだろう。ただし、寒いエリアが過剰に寒すぎるとヒーターの上に乗ったままになり、低温火傷を招くおそれもあるので早急に対策する。

市販のヒーター

上部から暖めるヒーター（暖突）

温度計

日常の世話

—— e v e r y d a y　c a r e ——

飼育を開始したらもちろん日々のお世話が必要です。
最大の楽しみであり、場合によっては最大の難関と
なってしまうかもしれない給餌の話もこちらで。
なんとなく餌やりをしていた人、
自身のやりかたで間違いはないですか?

Lesson 01 餌 の 種 類 と 給 餌 間 隔

chapter1でも触れたように、セイブシシバナヘビは元来、両生類や爬虫類を主食としているヘビである。しかし、販売されている多くの個体は基本的に冷凍のマウスに餌付いている個体が大多数のため、ここではひとまず冷凍マウスに餌付いていることを前提として話を進める。

冷凍マウスに餌付いている個体で、1度も偏食など起こさない個体であれば、終生冷凍マウスのみで健康的に飼育可能である。「たまには違う餌を…」という気持ちもわからないでもないが、違う餌に慣れてしまい、マウスを食べなくなってしまったらこれほど厄介な話はない。下手なことをせず、無難に冷凍マウスを与え続けよう。サプリメントも基本的には不要であるが、もし心配なら特にビタミン剤（AやEなどが摂取できるもの）を少量ずつマウスに付けても良いだろう。ただ、これをせずに飼育する場合がほとんどで、そのようなヘビを何百匹と見てきたが、顕著に不健康になってしまったヘビは見受けられない。

冷凍マウスは今では専門店だけでなく総合ペットショップやホームセンターなどでも取り扱っている店が増えてきているので、入手は容易だと思う。サイズもcmやg単位で細かく分かれているので、個体の大きさに合ったものを購入できるはずだ。

「個体の大きさに合ったマウス」の判断基準は、飼育しているシシバナヘビの胴回りの1番太いところと同じ太さのマウスが目安。これはヘビ類にほぼ共通の選びかただ。セイブシシバナヘビは幸い、頭の大きさと胴回りの太さがあまり変わらないので、迷うことが少ないかもしれない。一方で、コーンスネークなどは胴回りより首が細いため、首に合わせて選んでしまう人も多いが、それだとヘビにとっては小さくて餌が足りなくなってしまうので注意が必要。これも臨機応変に捉え、冬場にちょっと温度が上がり切るかが心配だという場合はワンサイズ下げてみたり、夏場で温度も高く食欲旺盛な時はちょっとギリギリを攻めてみたりすると良い。

なお、ちょうどマウスに毛が生える程度の大きさ（ファジーマウスかホッパーマウス）を与えるほどのサイズの場合、あまりに無理をして与えることは避けたほうが良いと考える。元来、カエルやサンショウウオ・爬虫類といった毛の生えていない生き物を捕食しているヘビなので、毛の生えた生き物をたくさん食べてしまうと毛が消化

しづらく、悪影響が出てしまう危険性があると思われるためだ（個体の大きさが十分であれば問題はないだろう）。心配であればピンクマウスを複数匹与えるなどの工夫をすると良い。このマウスの毛の問題は飼育者によって考えかたが異なり、今回はあくまでも筆者個人のものである点をご了承いただきたい。

　給餌の間隔は個体のサイズにもよるが、生後約1年未満であれば3〜4日に1回程度、それ以上の個体サイズであれば4〜5日に1回程度を目安に与える。セイブシシバナヘビは代謝が早く、いわゆる「溜め糞」をせ

ず、ざっくりと消化をして液体状の排泄物を出す。言うなれば、燃費が非常に悪い生き物である。そのため、ボールパイソンを飼育するような感覚で、成体になったら2週間に1回…などとしてしまうと、あからさまに栄養不足になってしまう。かといって以前、毎日のように餌を与える人もいたが、それはそれで単なる無駄になる。動物には吸収できる栄養の量に上限がある。よく例に挙げるのが、大食い選手（フードファイター）が全員2mの巨人かと言えばそうではないのと同じである。また、人間の子供が毎日大量に食べても太るばかりで、必ずしも身長とバランス良く成長した例は少ないだろう。ヘビも同じ理屈だと考えていただければ良く、マウスの消費に貢献するだけなので、適度な給餌を心がけてほしい。

^{Lesson}
02 マウスの解凍方法

解凍方法はさまざまだが、これはヘビの種類や冷凍餌の種類によって使い分ける必要がある。今回はセイブシシバナヘビで冷凍マウスを使用するとなると、推奨する解凍方法は水道水（蛇口から出てくる新鮮な常温水）に、凍った状態のマウスをダイレクトに投げ込むかたちだ。止水ではなく流水を推奨する人もいるが、そこまででなくとも良いだろう。最近よくお湯で解凍するという人も多く見かけるが、それはやめていただきたい。人間が食べる冷凍の魚や肉などをイメージしてもらえたら答えは簡単に出ると思うが、それらをいきなりレンジで温めて解凍し、調理する人はいないのと同じである。凍ったものをいきなり高温にするとドリップが出て品質が一気に低下するのはマウスも同様だと思ってもらえたら良いだろう。セイブシシバナヘビはボアやニシキヘビと異なり、体温で獲物を感知する習性がないため、温めること自体も不要

だ。なおさらこのやりかたにする必要はない。単に時間がなくて時短を目的とするなら、その忙しい日に餌を与えないという選択をすれば良いだけだ。

水を使わない常温解凍でも良いが、chapter1の擬死の話でも触れたように、やたらに獣臭やアンモニア臭がするマウスに当たってしまうと、ヘビが警戒してしまう可能性がある。水に晒してそれらを洗い流せるということで、水に入れての解凍を推奨したい。いずれにしてもピンクマウスレベルであれば、真冬の冷たい水であっても15分もあれば解凍できると思う。解凍できたと思っても、念のためマウスを指で触って、凍っている部分がないかチェックしてから与えたい。気温や水温のせいでマウス自体が多少冷たいという点は問題ないが、不安ならば多少常温に置いてから与えても良いだろう。

ピンクマウス

解凍中のピンクマウス

03 人工飼料の話

　近年爬虫類飼育において人工飼料は非常に多様化しており、それと同時にメジャーとなりつつある。それもひと昔前までのように、別な生き物用のものを流用したり、「とりあえずなんとか食べる」というレベルのものではなく、対象となる生き物を細分化し、それぞれの生き物に適合した成分を配合して作られているものも多くなった。その中でもレパシー社のゲルフードはそれのパイオニア的存在とも言え、近年は非常にさまざまな種類が発売されている。

　その中で、セイブシシバナヘビに適合した種類が「ミートパイ」という種類の製品で、肉食の爬虫類・両生類向けに作られている。主原料にチキンブロスが使われており、高タンパク低脂肪で、人工飼料にありがちな単なる太りすぎとなる懸念も低い。単発で「たまたま食べた」というだけだと餌としては成立しないのだが、レパシー社の関係者がセイブシシバナヘビ数匹を幼体から成体になるまで、そして、それ以降も「ミートパイ」のみで飼育し、大きなトラブルなく成長スピードも問題なく健康に育成ができた実績が何例もある。現在はそれらでペアを組み、繁殖を狙っているとのことである。筆者も「ミートパイ」を使って

給餌の実験をしたが、ほとんどの個体がある程度すんなりと食べてくれた。まだまだ例は少ないのだが、これは今後のシシバナヘビ飼育の大きな転換点になるかもしれないと考える。ゲルフードは元が粉であるため消化が良く、先ほど述べたマウスの毛の消化の問題もクリアしていると言える。別なヘビになるが、ガータースネークの仲間も同様の実験を何例もしており、こちらはすでに繁殖まで至っている。ガータースネークも野生下では魚や両生類を主食とするヘビでシシバナヘビと近しい習性を持つと言える。ガータースネークで結果が出ていれば、シシバナヘビの結果もおおいに期待できるだろう。今後もう少しデータが集まればまた別の機会で随時取り上げたいと思う。

Lesson 04 給餌方法と餌を食べない場合の対処いろいろ

与えかたは人それぞれだが、解凍したマウスをピンセットで摘んで顔の前に持っていき食べてもらうのがオーソドックスだと思う。しかし、これでなければダメというわけではなく、ケージ内の皿などマウスを置いておく「置き餌」をするかたちでも良い。環境に慣れていない個体などはこの方法でないと食べない個体もいる。また、自身が忙しく1匹ずつ与えている時間がない場合もこの方法で問題ない。とはいえ、与えかたとしたらこの2択のみになると思うので、どちらか飼育者自身に都合の良いほうを選ぶと良いだろう（どちらがより良いというのはない）。

問題はすんなり食べてくれない個体である。冷凍マウスに餌付いているのにすんなり食べないことはあるのか？　と思うかもしれないが、セイブシシバナヘビに関しては「よくある状況」である。これを餌付いていないと勘違いしてしまう人もいるかもしれないので、下記の対処を試してみてほしい。

1　においを嗅ぎにきて興味を示すものの、あと一歩で食べない場合
2　怒ってばかり、もしくは暴れているばかりで食べない場合
3　咥えるけど放してしまう場合

1に関しては、特に餌付いたばかりの個

体に多いパターンである。マウスを餌と認識しているけど、「あれ!? こんなにおいだったっけな?」と思っている感覚かもしれない。これは餌付きがまだ完全じゃない（2～3回自発的にピンクマウスを食べた程度の個体）に多く見られる。この場合は、においを嗅いでいる時（鼻をくっ付けている時）にマウスをほんの少し揺すぶってみたり、逆に少し放してみたりすると、それに反応して食いつくことが多い。また、同時に、マウスの鼻先をピンセットなどで少し傷つけ、体液や髄液を出してあげると、いきなり反応が良くなる個体も多いので試してみてほしい。

2は"シシバナあるある"だが、なかなか厄介なパターンだ。マウスを近づけるとフードを広げて威嚇体勢を取り、噴気音を出して怒る。怒りながらも食べてくれる個体もいるのだが、たいていは怒るのに一生懸命になってしまい食べてくれない。怒り出してしまったらもうそれを抑える手段はないので、その時の給餌は諦めて日を改めるか、もしくは置き餌をして半日ほど様子を見ると良いだろう。人間が手を加えようとすると怒るだけで、普段は怒っていない

はずである。落ち着くと何事もなかったかのように食べ出す個体も多いので、置き餌は必ず試したい。

3はシシバナヘビだけでなくさまざまなヘビ類にもよく見られる光景かもしれない。自発的に咥えたのに、すぐに放してしまうというパターンである。巻きついて獲物を絞めるヘビは咥えて巻きついたら一旦口から離すことをよくする。それとは違う意味合いで、違和感を感じたり味が違うと感じて「やっぱりいらない」となってしまう。これは1と同様に、餌付きが完璧ではない時期によく見られたり、やや神経質な個体に見られたりする。このような場合（特に前者）、咥えた時にわざとマウスをピンセットで軽く引っ張るようなアクションを加えてみる。本当にマウスがまだ嫌な個体ならそれでも放してしまうかもしれないが、食べる気がある個体ならそれに対抗してさらに飲み進めることが多い。要は獲物が逃げると思わせてヘビを「飲み込まないとせっかくの獲物が逃げちゃうよ」と焦らせるのだ。その他の場面（その他のヘビ）でも有効な方法なので流用してみていただきたい。

Lesson 05 メンテナンス

日々のメンテナンスで、やることは少ない。給餌・水入れの水換え・糞や尿酸の除去、このくらいである。

メンテナンスの中心は給餌と水入れの水換えとなる。給餌は先の給餌の項にて解説をしたのでそちらを参照してほしい。水入れの水換えは最低でも水が汚れたり異物（床材など）が多数入ってしまった場合に行う。毎日やってもやりすぎてNGということはないので、習慣としてもらっても良いだろう。使う水は水道水で良いが、真冬は水が冷たいので、喉が乾いてて冷水をすぐに飲んでしまうと悪い影響が出てしまう可能性があるため、給湯のお湯を少し混ぜてぬるま湯にしてあげよう。

糞の除去だが、通常ならピンセットや割り箸などを使って行う。セイブシシバナヘビの場合、糞が固形ではなくほぼ液体で出てくるため「摘む」という雰囲気ではない。床材の中や上にしている場合は、糞と尿酸がある場所と周辺にやや広めにがばっと掴んで捨てるような感じになるだろう。床材が減った分、新しいものを継ぎ足すというかたちである。これをしていれば床材の全交換は不要かと言われれば、そんなことはない。尿酸は細かく砕けてしまい、毎回完璧に取り除くのは不可能なので、それを補う意味でも全交換は必須となる。ペースはヘビとケージのサイズにもよるが、3〜4週間に1回程度だろうか。汚れを見ながら判断する。

基本的に、糞をしたらその都度取り除くのが望ましい。排泄物が溜まると悪臭の原因になるだけでなく、ダニの発生にも繋がる可能性がある。シシバナヘビは代謝が早いので排泄ペースが早く、面倒に感じるかもしれないが、それでも給餌のペースとほぼ同様で3〜5日に1回ほどだ。この程度を面倒だと言っていては、生き物は何も飼育できない。まめにしっかりとやっていただきたい。

いずれにしても回数や量はあくまでも目安であり、日頃から個体の動きや糞の状態を観察し、飼育する個体と使う道具の特性を早く掴み、自分なりのメンテナンスのペースを見つけ出してほしい。言うなれば「観察」こそが日々の最大のやることだと考えてもらえたら良いだろう。

ハンドリング

Lesson
06 健康チェックなど

日々しっかりと個体を観察していれば、万が一個体に異常（病気やケガなど）が出てしまった場合も早く気がつくことができるだろうし、大事に至る前に対処できるかもしれない。近年では爬虫類を診てくれる病院も増えたが、可能なかぎり病院に行かずに済むようにしたいところである。

ここに、セイブシシバナヘビの飼育において、目にしたり耳にしたりすることの多い症例をいくつか例を挙げておく。

1　餌の吐き戻し
2　ダニの付着
3　脱皮不全
4　食欲不振

　1つめの吐き戻しだが、これは他のヘビ類にも共通して起きるトラブルである。文字どおり、食べた餌を口からまた吐いてしまうことである。よく間違われるが、食べてすぐに吐くことは吐き戻しとは言わない。一旦体内（胃の中）に入って消化しようとしているものを吐くことがここで言う吐き戻しにあたる。原因はいろいろ考えられるが、温度不足・マウスのサイズオーバー・食後に個体を移動させてしまったなどがよくある原因である。

　まず温度不足。これは温度に気をつけていれば起きないのだが、ありがちなのが昼間の温度はしっかり30℃前後あるからと油断し、夜間に気温がかなり下がっているパターン。爬虫類は自分で体温を作れない動物（変温動物）のため、餌を消化するのに最低限の外気温が必要となる。特にヘビは消化に時間がかかる生き物なので、その温度が長く続かなければならない。そのため、ヘビは途中で温度が低下して消化できないと思うと獲物を吐いてしまう。エアコン管理下では起きにくいが、そうでない場合は夜間までしっかり温度が保てているかを必ずチェックしよう。もし温度が足りなさそうな場合はひとまず給餌を止めるというの

も1つの手段である。

　吐き戻しはそんなに気をつけなければならないのか？　と思われるかもしれない。たしかにある程度の大きさの個体が1度や2度吐いてしまってもほぼ何の影響もないだろう。しかし、生まれて数カ月以内の幼体が吐いてしまうとなると話は別。たとえば生後1カ月くらいの個体が立て続けに2〜3回吐き戻しをしたとすると、その個体はおそらく命の危険があるだろう。吐き戻しは幼体にとってそれだけ体力が奪われる。もし吐いてしまった場合は、1週間ほど餌を与えずに水だけ与え、荒れてしまった内臓や食道を落ち着かせる必要がある。吐いてしまったからすぐに栄養を摂らせようとすぐに餌を与えてしまうと、荒れた食道や内臓に食べ物が通ることが気持ち悪くてまたすぐに吐く可能性が高い。こうなるともはや悪循環の一途を辿るので、必ず落ち着かせる期間を設けるようにする必要がある。

　2つめのダニの付着。これもまたセイブシシバナヘビに限ったことではない、爬虫類飼育において厄介な問題の1つである。ダニの種類としては、主にマダニではなく、いわゆる"ヘビダニ"と呼ばれる黒くて1〜2mm程度の種類で、飼育下で他のヘビ類やトカゲなどに付着するのもこの種類が多い。現在流通しているセイブシシバナヘビは約99%が飼育下での繁殖個体のため、ダニの心配はないと思われがちだが、ゼロではない。どちらかと言えば、シシバナヘビの仲間は鱗が大きくややダニが付きやすいと言える。主に他の飼育動物から移ったり、元々いたショップやブリーダーのところでごくわずかに付着していたのを見落としていたりすることが主な原因だろう。自身の飼育場所で自然発生してしまうことも十分に考えられる。

　対処としては、入手して間もないWC個体の生き物がいるそばにはひとまず置かない。入手した個体はダニを目視できたとしても、できなかった（いなかった）としても、ダニ避けのスプレーなどで全て処理する。この2点をやるだけでもだいぶ違うだろう。また、ヘビはダニが付着したことを自分で理解し、そのダニを殺すために水にしばらく浸かり、ダニを溺死させるという行動を取る。そのためにも、水入れは必ず大きめのものを入れておきたい。逆に言えば、やたら水入れに長く入っているなという場合は体表や水入れの中をチェックし、ダニが浮いていないか確認したい。

　もし発生してしまった場合、初期は顎の下や目の周りなどに付きやすい傾向にある。早期発見で少量のみの発生であれば、ピンセットなどで除去をするのと同時に、まめに温浴をさせることでダニを溺死させて根絶できる可能性も高い。それでも出てしまうようなら、動物用のダニ駆除剤（フロントラインやバポナなど）を使うことになるが、それらはかなり強めの薬で、間違えた使いかたをしてしまうと幼体など小さな個体の場合は下手をすると死亡してしまうこともある。必ずショップや獣医の指導の下で行うようにしたい。

　3の脱皮不全。爬虫類飼育において切っても切り離せない事柄であり、悩まされる人も少なくないと思う。先にも述べたが、セイブシシバナヘビの場合、皮膚が厚めのため脱皮の殻も厚く、千切れることが少ないため、脱皮不全は少ない傾向にある。とはいえ、やはりゼロではない。身体の広い部分に、海苔がくっ付くように多少残っているようなら、脱皮不全とは言えないレベルで、放っておいても問題ない。特に尾先など末端部に残っている場合は要注意。脱皮は代謝をして古い皮を脱ぐ意味合いが大きく、幼体の時は同時に成長をしている意

味もある。身体が大きくなっているのに、古い皮が巻き付いていると、人間で言えば指を締め上げられているのと同じことだ（輪ゴムで指を縛るようなイメージ）。そうなると、血流が悪くなり、最悪の場合は尾先が壊死してしまう。もちろん尾先の数cm・数mmがなくなっても死ぬことはないのだが、見ためも痛々しいしかわいそうなので、頻繁に観察することで未然に防ぎたい。極度の乾燥状態が続いてしまうことが原因なことが多いので、乾燥しやすい冬場などは市販のウェットシェルター（保湿のできるシェルター）などを使うなど状況を見て対処しよう（過度な加湿はNG）。また、ビタミンB群の不足など体内の栄養バランスの問題である可能性もある。肌にかける脱皮促進剤なども時には有効だが、基本的なことを改善しないと毎回脱皮不全が続くことになってしまうので、あまりに脱皮不全を繰り返している場合は、ビタミン剤の添加や飼育環境の見直しをすると良いだろう。ケージ内にシェルターなどが何も入っていないと、ヘビが脱皮をするのに「擦り付ける場所」がない状態になり、脱皮不全を招きやすい。シェルターを入れない場合でも、流木など何かしら脱皮の手助けにな

脱皮前の個体。体色が白く、眼を見るとそれがよくわかる

りそうなものを入れてあげたい。

　最後の食欲不振（餌を食べないこと）であるが、これは相談件数としては非常に多い。「拒食」という言葉をよく耳にする。しかし、それは本当に「拒食」であるのだろうか。もちろん、本当に「拒食」であったり、病気などによる食欲不振も十分考えられるが、そうではない場合も多い。特に成体は、一年の間で何度か餌を食べなくなる時期が訪れる。多くの人は「拒食」と呼んでしまっているが、それはやや間違えている。言うなれば「本種の習性（年間のルーティン）」である。これは繁殖の項で説明する「休眠期」と関係している可能性が高く、いくらエアコンやヒーターなどで一定の温度に保っていても、体内時計が働いて餌を食べることを一時中断してしまうことが多い。このモードに入ってしまったら、いくら餌を変えようが温度をいじろうが食べないことがほとんどである。対処方法は、時間が解決してくれるのを待つしかない。心配になる人も多いと思うが、栄養状態良く飼育している成体のセイブシシバナヘビであれば、水だけ与えていれば仮に4〜5カ月餌を食べなくても全く何ともない。1番してはいけないことは、過剰に飼育温度を上げることと強制給餌をすること。温度を上げることは対処法として合っている場合もあるが、休眠で身体が代謝したくないと言っているのに無理に過剰に温度を上げることで代謝を促してしまい、「餌を食べないのに代謝が上がってしまう」という何とも中途半端で良くない状況に陥ることが多い。

　対処方法の順序としては「ほんの少し温度を上げてみる」→「餌をピンセットからではなく置き餌で与えてみる」→「マウスにさまざまなにおいを付けてみる（餌付けの項を参照）」で試し、それでも無反応なら完全に休眠状態に入っている可能性が高い。通常の飼育温度よりも少し下げてクールダウンさせ、もう1度今までの温度に戻すというやりかたが良いだろう。これはちょっとした“クーリング”のような意味合いがあり、冬が来たと思わせ、それを経験させてから再び戻すことによって、再び活動時期が来たと錯覚させる方法である。あまりに短期間（1週間など）に過剰に変化をつけてしまうと身体への負担が大きいので、1カ月単位でゆっくりとやってみよう。

　強制給餌に関しては、特に飼育経験の浅い人は自己判断でやってはいけないことである。元気だけど根本的に身体が餌を受け

付けていない、ただそれだけなのに、そこに無理やり餌を押し込まれたらどうか。その場で拒否してくれればいいが、飲み込んでしまって後で吐き戻すことが多い。ヘビにとってはいい迷惑だけである。「強制給餌」というものを安易に"給餌の手段"くらいにかるく考えている人が多いが、それは大きな間違いである。どうしても心配ならば獣医やお店に相談してから実施するかどうかを判断するようにしたい。

こちらも脱皮前で目が白濁している

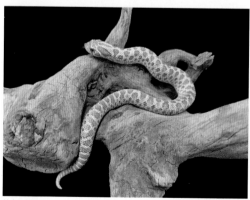

健康な個体

人工餌（ミートパイ）を食べるシシバナヘビ

他にもいる変わった顔のヘビたち②

ビッグベンドツケハナヘビ　*Salvadora deserticola*

シンリンクチバシヘビ　*Scaphiophis albopunctatus*

テングヘビ（ライノラットスネーク）　*Gonyosoma boulengeri*

バロンコダマヘビ　*Philodryas baroni*

ガボンアダー（有毒）　*Bitis gabonica*

ツノクサリヘビ（有毒）　*Cerastes cerastes*

07 餌付けについて

　繰り返すが、セイブシシバナヘビを含む
シシバナヘビの仲間は、野生下で元々カエ
ルやサンショウウオなどの両生類を主食と
している。よって、孵化していきなり冷凍
マウスを食べる個体は非常に少ない。しか
し、販売されているシシバナヘビの多くは
しっかり冷凍マウスに餌付いているのはな
ぜか。それはブリーダーやお店が餌付けて
販売してくれている場合がほとんどのた
め。それに対しての対価（技術料）を支払
うという意味もある。このように書くと「餌
付いてないのを安く買いたい」という人も
いるかもしれない。それはそれで止めはし
ないが、かるい気持ちの人はおそらく後悔
することになるだろう。

　なぜすんなりとマウスを食べないかとい
うと、シシバナヘビの仲間は主ににおいと
味で餌を判断する。冷凍マウスは野生下で
食べているカエルとにおいが全く違うた
め、それを餌と判断しないからマウスを食
べない。では、どうしたら良いのか。マウ
スのにおいをカエルなどのそれに似せれば
良い。昔からの方法としては、マウスをカ
エルの身体に擦りつけて、カエルのにおい
やヌメリを付け、それを与えるという方法
がある。しかし、カエルは冷凍を含めてな

かなか自由に手に入らないし、生きたカエ
ルは飼育し続けなければならず、どちらも
あまり現実的ではない。そこで、近年欧米
のブリーダーの間で主流となっているのは
ネコ用の缶入り飼料（ネコ缶）の汁やその
ものをマウスに付けて与える方法である。
最初は半信半疑であったが、かなりの個体
が好反応を示した。カエルよりも格段に入
手しやすく価格も手頃で、さまざまなフ
レーバーがあるのでいろいろ試しても良い
だろう。ただ、100%の個体がこれで食べ
るわけではない。これでダメならドジョウ
やマス類・サバの水煮缶の汁・鶏肉・サー
モンといったさまざまなもののにおいを、
同じようなかたちでマウスに付けて与えて
みる。特にドジョウは冷凍品でもヌメリが
はげしく、その生臭さがカエルに近いのか
好反応を示す個体も多いので試してほし
い。EUのブリーダーはここ最近、サーモ
ンをある程度の水と共にミキサーにかけ、
スムージー状にしてそれを使うというのが
トレンドのようである。試してみる価値は
あるだろう。

　このように書くと「ここまでやらなけれ
ばダメなのか?」と思われがちだが、個体
によっては逆に「ここまでやってもダメ」

な個体もいるし、あっさりとネコ缶で解決する個体もいる。そして、1回やっただけでマウスに移行できる個体もいれば、におい付きにして10回やってもにおいなしのマウスを与えたら拒否する個体もいる。これらばかりはほぼ運のようなものである。セイブシシバナヘビを購入する際、餌付いて

いるかどうかあまり重要性を感じなかった人は、今1度考え直してほしい。もちろん、ご自身で繁殖をさせるという場合は、幼体の飼育において必ず通らなければならない険しい道のりとなる。頭に入れておいていただきたい。

繁殖

—— b r e e d i n g ——

レオパードゲッコーやコーンスネーク同様、
近年ではさまざまな品種（モルフ）が作り出されたりして、
繁殖に興味を持つ人も増えたと言えます。もしかしたら、
オリジナルの品種が作出できるかも!?
という期待を胸に、繁殖への興味を持つ人も少なくありません。
しかし、それはあくまでも飼育がしっかりとできているうえでの話。
繁殖は飼育の延長であることを心に刻み込んでほしいところです。

Lesson 01 繁殖させる前の心構え

　ひと昔前と比べると、日本の爬虫類の飼育人口は近年確実に増えてきた。それと同時に飼育や繁殖に関する情報も増え、情報を得る方法も多岐に渡っている。以前は、一部のマニアや園館施設などのやることであった「爬虫類の繁殖」を目指して飼育する愛好家も多くなっていると思う。これは爬虫類に限らず、野生生物（野生個体）が全般的に減少しているなか、愛好家が繁殖させた繁殖個体の出回る匹数が増えることは良いことだと考える。しかし、中には、飼育を開始する前から繁殖を考える人もいる。はっきり言ってしまえば、それは大きな間違い（勘違い）であり、まずはその種類を1年を通じてしっかり飼育管理ができてから繁殖を考え始めてほしいところだ。セイブシシバナヘビの繁殖はたしかに難しい部類には入らず、経験の浅い人でも十分に狙えるかもしれないが、卵の管理や産卵後のケア・幼体の育成など、浅い経験（少ない引き出し）ではカバーしきれない部分も多く出てくるだろう。また、繁殖と言っても1〜2回程度なら偶然や幸運が重なって誰でもできるかもしれないが、それは「繁殖させた」というよりも「繁殖してくれた」といったところであろうか。「繁殖＝飼育がうまくできたことに対するご褒美」という具合に、謙虚に捉えていただいたうえで、じっくりと個体を飼育してから繁殖にトライしてほしい。

　なお、爬虫類の繁殖をさせるにあたり繁殖させた個体をどうするのか。必ず考えたうえで繁殖に取り組んでもらいたい。もし販売する、もしくは他人に譲渡するようであれば、2022年11月現在、「第1種動物取扱業登録」という資格が必須となる。これを所持せずにイベントなどに出展することは不可能だし、継続的な個人売買やお店への定期的な卸販売も違法となってしまう（無償譲渡も違法）。このことを必ず頭にしっかり入れて、計画的に繁殖を行うようにしてほしいのである。もちろん、繁殖させるだけであれば資格などは何もいらないので、生まれた個体全てを自分で飼育するならば何も問題はない。

Lesson

02 雌 雄 判 別

雌雄判別は比較的分かりやすいヘビだが、購入先の専門店に判別してもらえたらより確実だ

　ヘビの雌雄判別は外見だと困難な種類も多いが、先述のとおりセイブシシバナヘビは成長した個体であれば外見でも雌雄が判別できると思う。慣れた人なら生後2〜3カ月の個体でも十分判別できるかもしれない。生後半年から8カ月程度の個体であればかなりはっきりと雌雄差が出るだろう。

　しかし、外見での判断は慣れない人には難しいと感じる場合も多い。より確実な方法としてセックスプローブ（通称：プローブ）を使って調べる方法を紹介する。これは加工された金属の棒を総排泄口から尾先のほうへ向かって差し込み、その入る長さ（クロアカルサックと呼ばれるヘミペニス

が収納されている袋の長さ）で性別を判定するというもの。セイブシシバナヘビの場合、オスはメスよりも3～5倍かそれ以上多く（長く）入る。これで調べればほぼ100%間違いはない。しかし、最もデリケートな部分とも言うべき総排泄口に異物を差し込むことは、リスクも当然伴う。特に力加減は非常に重要で、強く差し込みすぎてクロアカルサックの壁を突き破ってしまう例もあった。慣れない人や自信のない人は無理に行わず、必ずショップにお願いするようにしよう。

　別な方法で、ポッピングという、ヘミペニスを指で押し出して有無を確認するものもある。口や文章では表現しづらいが、クロアカルサックのある部分を尾の先側から総排泄口のほうへ向かって指でかるく絞るように押し、ヘミペニスを飛び出させるようなイメージである。これは道具が不要な反面、コツを掴むまでは非常に難しく、何度やってもうまくいかない人も多い（ヘミペニスが出ない）。また、ある程度慣れた人でも大型個体などは筋肉や皮膚が発達して、ヘミペニスが容易に飛び出さないこともよくある。それらのような事態となると、オスであるのにヘミペニスが見られずメス

と判別してしまうケースもままある。こちらの方法も、慣れない人にはあまり推奨できない。

　いずれにしても性別を重視して購入する場合は必ず信頼のおけるショップに見てもらうようにしたい。なお、海外のブリーダーから雌雄判別されてくることも多いが、間違っている例も多々見られる。筆者も一部の信頼できる海外ブリーダーを除いてあまり信用していないので、なるべく自身でチェックするように心がけている。特に海外のショーで販売されているヘビは雌雄の間違いが非常に多い（たいていはメス表記なのにオスの場合が多い）。不安な場合は、やはりショップに確認するようにしよう。

Lesson 03 性成熟について

　雌雄を揃えたら、まずは性成熟をさせるためにしっかりと飼い込むことが必要となる。たとえば、よく販売されているその年に生まれた幼体を導入した場合、オスであればそこから1〜2年程度、メスなら2年半〜3年程度飼い込めば繁殖可能な年齢・サイズとなるだろう。特にオスは1歳少々で繁殖可能となることも多い。ここで大切なのは、大きさよりも年齢である（極端に成長が遅い個体も問題はある）。場合によっては、メスでも1年少々で繁殖できてしまうのではないか？　と思ってしまうサイズになる場合もある。しかし、人間で言えば、小学生高学年の女性で150cm以上ある人もいるが、はたして出産をできるのかという

話になる。そう、身体だけ大きくても中身が伴わないとどうにもならないのである。特にメスの場合、産卵は身体にかなり負担がかかる。また、産卵を経験するとそこからの成長が急激に鈍る可能性もある。せっかく大切に育てた個体に無理をさせて悪い結果になってしまうくらいなら、もう1〜2年待てば良いだろう。特に若いメスはクーリングをしても発情をしないことも多い。オスがやる気を出しているのにメスが見向きもしない、というパターンはよくある光景で、その場合、メスの年齢が不足しているだけということが十分考えられるので、メスはじっくりと育て上げてから繁殖に臨みたい。

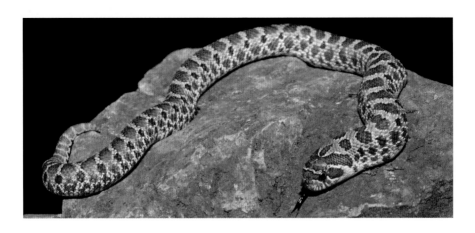

Lesson

04 ペアリング（交配）と産卵

めでたく性成熟したであろうペアが揃ったら、いよいよペアリング（交配）をさせることになる。人によって意見が違うが、ここでは昔から言われているオーソドックスな手法を紹介したいと思う。

何も操作をしなくてもオスとメスを合わせたら勝手に交尾をする場合も稀にあるが、基本的にはクーリングと呼ばれる"冬眠期間"を与えないと発情しないことが多い。2〜3週間くらいかけて飼育温度から約10〜15℃前後低下させ（たいてい15℃前後まで）、最も低下した温度帯で約1〜2カ月間飼育し、その後また2〜3週間くらいかけて元の飼育温度に戻す、という作業だ。その計約2〜3カ月間は餌を与えず、水だけを与えて飼育する。そのため、クーリング前にしっかりと栄養を与えることが大切だ。それと同時に、温度を低下させる前に食べた餌をしっかりと消化・排泄させることも重要となる。もし、腹の中に食べたものがたくさん入った状態で温度を低下させると、温度が不足して食べ物を消化しきれずに未消化、もしくは中途半端に消化された食べ物が体内で腐り、ガスが発生して体調を崩すことがある（最悪の場合は死に至る）。それではせっかくの育成が全て水の

泡になってしまうので、クーリングに入る前にしっかり食べさせ、10〜15日前後、もしくは余裕を持つならば20日程度は本来の飼育温度のまま餌を与えない状態で飼育する「消化期間」を設けることが大切。目安としては排泄物を見つつ、ほぼ尿酸だけのような状態になったらほぼOKと思っても良いだろう。

合計2〜3カ月のクーリング期間が終了後、元の温度に戻したら通常の給餌を再開する。しっかり食べさせていくと、しばらくすると脱皮するだろう（脱皮までの期間は個体による）。その脱皮が終わった直後に雌雄を合わせるのが基本で、メスのいるケージ内にオスを入れる。その時にオスのやる気があれば、メスを見つけるとすぐに変な動きをしたり、尾先を小刻みに震わせたりして近寄っていく。メスが受け入れる状態になっていればそのままオスが絡みつき、メスが尾をやや上げて交尾に至るはずだ。オスがうんともすんとも言わない、もしくはメスが拒否をするようであれば、未成熟かタイミングがずれている可能性が高いので仕切り直すと良い。これを、2〜3日同居させて離し、数日後にまた2〜3日同居させて離し、交尾が確認できるまで数回行

うが、1度交尾が確認できてもそれをより確実なものにするため、2回ほど交尾するまでトライしてみても良い。1回目の交尾で成功していれば、2回目は嫌がるだろうし、1回目が見ためだけで空振りだったら2回目を受け入れるだろう。

産卵

交尾がしっかり成功すれば、あとは産卵、卵の管理、そして、孵化へと移っていく。交尾確認後、通常は30〜40日後に産卵することが多い。抱卵期間中はメスにしっかり（通常どおり）餌を与えるが、産卵直前（10〜15日前くらい）には餌を食べなくなるだろう。産卵日が近づいているという目安になると思う。ただ、中には少しずつ餌を食べるメスもいるので、こちらから完全に与えないわけではなく、食べなければ与えなくてもかまわないと思ってほしい。

通常、産卵は野生下だと巣穴の中や適度な岩の下の窪地などで行われるため、それらしい場所を提供してあげる必要がある。飼育下でよく使われるのは蓋の部分を一部くり抜いたタッパーなどで、それにやや湿らせた水苔やヤシガラを入れ、ケージの中に配置しておくとそこに産卵することが多い。ただし、これはヘビが気に入らなければなかなか産まないこともあるので、似たようなものでいくつかのパターンを用意しておくと良いだろう。入り口が狭く、中はヘビがとぐろを巻いた状態で余裕を持てるほどで、できれば中があまり丸見えでない（半透明や黒い）容器が望ましい。

Lesson 05 卵 の 管 理

産卵を確認したらそっと卵を取り出して別途管理する。卵は何かに埋めるかたちで管理するが、その埋めるためのもの（孵卵材）は、そこそこ保水力のあるものなら、使いやすいものであれば何でも良い。産卵床に使ったヤシガラや水苔・バーミキュライト・孵化専用の床材などさまざまなものが挙げられる。筆者はどの生き物でも水苔を使って孵化させるが、その理由として、湿っている時と乾いている時の差が見ためでわかりやすい点がある。ただ、「水苔が最適」というわけではないので、各自いろいろと試してもらいたい。

取り出した卵は上下を反転させないよう（水平方向の回転は問題ない）、できるかぎり産み落とされていた向きのまま、卵管理用の床材に多少埋める状態で保管するのが爬虫類の一般的な孵卵管理だが、そこまでしっかりと埋めなくても問題はない（転がったりしなければよい）。万が一転がってしまっても上下がわかるように、油性マジックなどで卵の上に印をしておくのも良いだろう。

重要なポイントは、床材の水分と温度である。繁殖経験の浅い人は深く考えすぎてドツボにはまってしまっている場合が多い

ので、シンプルに考えてほしい。水分は、乾燥を怖がるあまり多すぎるケースが多く見受けられる。たとえば水苔を使用する場合、ややきつめに絞った程度の水分量で問題ない。文章や口頭では非常に説明しにくいが、じっくり触って「あ〜、ちょっと湿ってますね」という程度のイメージだ。要は触った瞬間、もしくは見た瞬間で濡れているとわかるほどだと水分が多すぎるし、卵を管理する容器に常に水滴が付いている状態もNG。自然界を見ていただければわかると思うが、公園の土の部分を10cmくらい掘ってみて、雨の直後じゃない時にいつもビチャビチャしていますか？　と尋ねられたら、答えはNOだと思う。日本ですらその状態で、北米大陸の生息地はもっと水分が少ないと推測できる。場所にもよるだろうが、たいていは表面が乾いていて少し掘り下げれば土がややしっとりしている程度だと思う。そのイメージの水分量を孵化まで保つように管理し、孵化まであと10〜15日という時点でそれよりもさらに乾いてしまっても良いと考える（むしろ多少乾き気味になったほうが良いと考えているが断言できない）。

次に温度。これは水分以上に誤解してい

る人が多い。日本人はニワトリ（鳥）の卵のイメージが強いためなのか知らないが、「卵＝温める」と捉えてしまう人を多く見受ける。結論から言ってしまえば温める必要は全くない。要は、飼育温度をそのまま保てばOKである。母親が「ここなら卵を産んでも大丈夫」と思って産んだ環境（温度）をそのまま保つ、ただそれだけだ。その温度は各人によって異なるだろうが、だいたいの飼育適温は25〜30℃前後だと思うので、そのくらいの温度帯で管理すれば問題なく孵化してくれる。実際、孵化の適温も26〜29℃前後だ。そうなると話は簡単で、エアコン管理している飼育部屋であれば、卵を入れた容器を飼育ケージの近くの安全地帯（間違えて容器をひっくり返したりしないような場所）に適当に放置しておけばよいだけだ。エアコン管理でない場合も、飼育ケージと同じ状況（気温）が作れるように保温（保冷）すれば良いのである。わざわざ孵卵器や冷温庫に入れて卵を飼育温度以上に加温しようとする人ほど失敗することが多い。「温める」のではなく「飼育温度から変化があまりないように管理する」という意識で管理していただきたい。孵卵器を使うことも間違いではないが、使

いかたを間違えている（意味がない）人も多々見受けられるので、まずは使わずにやってみてほしい。筆者としては、温度による性別の出し分けをする以外、孵卵器は基本的に不要だと思っている。

孵化シーン

孵化直後の幼体

Lesson
06 孵化温度と
性別の関係

爬虫類は、卵が孵化をする時の気温によって雌雄が決定する温度性決定＝TSD（Temperature-dependent Sex Determination）を持つ種類が多い。しかし、これに関してはセイブシシバナヘビにはあてはまらない。というよりも、ヘビ全般にこのメカニズムは基本的に存在しないとされている。ただし、まだ研究が進んでおら

ずわかっていない部分も多いため、今後説が変化する可能性もあり、興味のある人は検証してみても良いだろう。故に、孵化温度は何℃であっても雌雄が出てくる確率は同じ50%／50%（オスかメスの2択）なので、孵化の適温の範囲内で、自身の管理しやすい温度にすれば良いだろう。

Lesson 07 孵化直後の幼体の管理と餌付け

　卵の管理温度にもよるが、26〜29℃前後で孵化させた場合、だいたい50〜60日前後で孵化に至ることが多い。もし、やや低めで卵を管理していたり、昼夜で若干気温差がある状態で管理している場合はさらに数日かかる場合もあるので、2カ月を過ぎて孵化しないからといってダメだと決めつけるのは良くない。卵によほどの異常（大きく凹んだり全体がはげしくカビたり）が見られなければ、ダメ元でしばらくキープしておこう。よほどカビてしまったり黄色く変色してしまったりした卵は、他の良い卵に悪影響を与える可能性があるので排除してしまうか、別で管理する。

　孵化の様子はトカゲやヤモリなどと若干異なる。ヘビはすぐに飛び出してくることはなく、卵の殻が破れて頭が出てきても、卵黄を吸収する間、少しずつ出たり引っ込んだりを繰り返す。この間は何も触らずヘビに任せることが重要である。下手に引っ張り出したりすると卵黄が吸収できず、未熟児になってしまう危険性が高いので、自発的に出てくるのを待とう。

　孵化した幼体は孵化後1〜3日以内に脱皮をすることがほとんどだ（ファーストシェッドと呼ばれる）。その際、乾きすぎないように注意する一方で、過剰に濡らしすぎることにも配慮する。やたらと霧吹きなどをするよりは、タッパーなどに湿らせた水苔を入れて、それをケージ内に配置する程度で十分。最初の脱皮が終わって7〜10日後頃から餌を食べ出すので、孵化後しばらくは餌を与えなくて良い。4〜5日後に試しに与えてみたり、置き餌をしてみることは問題ないが、心配だからと強制給餌をしたりすることは絶対にNGだ。

　ここからいよいよ給餌の開始となる。餌の項でも述べたように、生まれていきなり冷凍のマウスをすんなり食べてくれる個体は非常に少ないと思ってほしい。まずはダメ元で全個体に冷凍マウスを与えてみて（置き餌を含む）、それを数日ごとに2〜3回トライし、ダメであればいよいよ「餌付け」作業の開始である。餌付けに関してはchapter 3を参照してほしい。想像以上に根気のいるたいへんな作業となることも多いが、その分、餌付いた時の喜びは他のヘビ以上になることは間違いないだろう。

シシバナヘビ図鑑

——picture book of Western Hognose Snake——

近年、品種（モルフ）の数が急速に増しているセイブシシバナヘビ。
よく見ると同じモルフでも個性があり、選ぶ楽しみもあります。
基本的なシングルモルフからそれらを組み合わせた
コンボモルフまで紹介していきます。

【シングルモルフ】

Lesson 01 ノーマル・クラシック・WC

　セイブシシバナヘビの基本となる色柄で、クリーム色から薄茶色のベース色に、濃淡のある焦げ茶色の大きなブロッチが入る。ブロッチの大きさや色には非常に個体差があり、それが選別交配によるモルフの作出に繋がるのだが、差異は棲んでいる地域の土壌の色に由来しているという説がある。WC個体（野生採集個体）以外はノーマルもしくはクラシックという名で流通していたり、もしくは何も書かれず単にセイブシシバナヘビとして販売されていることもある。WC個体はシシバナヘビの最大の特徴である鼻（吻端）がCB個体と比べて大きく長く発達している個体が多く、気性もやや荒い個体も多いイメージを受ける。しかし、近年での流通は滅多に見られないため、入手するチャンスは非常に少ないだろう。

WC

ノーマル

ノーマル

ノーマル

ノーマル

ノーマル　この名で流通する個体でも色調などには差異が見られ、個体選びの楽しみがある

02 グリーン・レッド・イエロー

選別交配（ポリジェネティック）／野生由来

　ノーマルやワイルド個体の中から赤っぽい個体や緑がかった個体を選別交配して固定したり、ブリーディングで生まれた中から変わった色の個体をピックアップしてカラーの名を添えて販売されることが多い。選別交配はポリジェネティックと呼ばれる。基本的にこれらの色の中から色の濃い個体をピックアップしていき、より色がはっきり濃く出る個体を作出する楽しみかたが一般的だが、他のモルフと掛け合わせた場合、その色が作用することで新たなモルフが作出される場合もあるため、モルフの増加に伴い、改めて注目される可能性も高いだろう。

レッド

レッド

レッド

エクストリームレッド

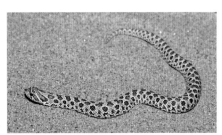

グリーン

イエロー

Lesson
03 アルビノ

劣性遺伝／野生由来

　最も古くから知られているモルフの1つで、WC個体もしくはノーマル作出時に突然変異として出現した個体を固定したもの。他の生き物同様にメラニン色素の欠乏であり、T-アルビノ（チロシナーゼマイナス）である。近年では同じアルビノとされる中にも選別交配によってさまざまな赤の濃さ（質）が作出されている。それらはレッドアルビノやオレンジアルビノ、エクストリームレッドアルビノなどと表現されることが多いが、いずれも元を辿れば同じアルビノであり、それら同士で交配することも可能である。より赤い個体を作出したい場合はできるだけ赤の発色の良い個体同士を親個体に使うと、生まれてくる子供も赤みの強い個体が多く出る可能性が高まるだろう（ここは選別交配となる）。

アルビノ

アルビノ

エクストリームレッドアルビノ

エクストリームレッドアルビノ

オレンジアルビノ

アルビノ

アルビノ

Lesson 04 ピンクパステルアルビノ

劣性遺伝／野生由来

　先のアルビノとは完全別系統のアルビノで、テキサス州にて捕獲された個体から維持されている。こちらもT-アルビノだが、目の色は若干ブドウ色に寄っている。通常のアルビノと比べると全体的に色が薄めだが、特に幼体期は赤に近いピンク色がはっきり出て非常に美しい。通常のアルビノとの互換性はなく、単純に交配させるとノーマルが生まれる。

ピンクパステルアルビノ

ピンクパステルアルビノ

ピンクパステルアルビノ

Lesson
05 アザンティック

劣性遺伝／野生由来

　他の爬虫類にも見ることの多い黄色色素欠乏個体。Xanthic＝黄色色素の意味であり、そこに否定を意味するAが付いたもの。ペットトレード上では、略してアザンと呼ばれることも多い。本来、黄色色素の欠乏だが、赤色の色素も減退させているとも言われている。グレーをベースとしたモノトーンで独特な色合いが魅力的なモルフだが、その色合いはやや個体差（血統差）があるため、より黄色み（赤み）のない個体を作出したい場合は親個体の選択、そして、その後の選別交配が重要になるだろう。また、このモルフは他のモルフと互換性を多く持ち、ゴーストやスノーなどのモルフ作出のために必要となる。

アザンティック

アザンティック

アザンティック

アザンティック

アザンティック

06 アナコンダ

Lesson

共優性遺伝／飼育下発祥

　数少ない、模様に影響が出るモルフ。ノーマルと比べてパターン（柄）が減少することが特徴であり、それにより背中の大きなブロッチが目立つ。2004年に飼育下で発生した個体の系統維持とされている。南米の大蛇であるオオアナコンダ（*Eunectes murinus*）の模様に似ていることがその名の由来とされている。共優性遺伝であり、アナコンダ同士を交配することにより25％の確率で、背面から脇の模様が消失するスーパーコンダ（スーパーアナコンダ）が生まれる。いずれも黒い腹面を持ち、若干斑点の入る個体もいるが、ノーマルと比べるとそれは一目瞭然と言える。中には表現力に乏しい（ノーマルに見える）アナコンダも存在するので、その場合は腹面を確認すると確実だろう。近年では本モルフは他のモルフとの掛け合わせによって非常に多くのバリエーションが生み出されている（コンボモルフの項にて紹介）。ただ、共有性遺伝のため1度掛け合わせてしまうと"取り除く"ことが難しくなることも予想されるので、ブリーディングの際は注意したい。

※なお、今まで本モルフや後述のアークティックなどの共優性遺伝とされていたモルフは、不完全優性遺伝とするといった見解もある。ただし、これは意味合い的にはほぼ同義語であり、遺伝法則も今までどおりで変わりはないため、ここでは昔からの言い回し（共優性遺伝）で紹介した。

アナコンダ

アナコンダ

アナコンダ

アナコンダ

アナコンダ

アナコンダ

Lesson

07 アークティック

共優性遺伝／飼育下発祥

　Arctic＝北極。アザンティックに似ており、「JMGアザンティック」という別名を持つ。その名のとおりアメリカのJMG Reptileが10年以上前に発見した新しい遺伝子。共有性遺伝であり、アークティック同士を交配させることにより25%の確率で白黒のコントラストが非常に美しいスーパーアークティックが作出される。アークティック自体の見ためはノーマルやアザンティックと非常に似ており、飼育下で混同してしまわないようラベリングなどをしっかりしておきたい。

アークティック

アークティック

Lesson 08 タフィー

劣性遺伝／飼育下発祥

　英語表記はToffee ／ Toffeebelly。ここから「トフィー」と発音して表現する人もいる。メラニン色素の欠乏であり、ハイポ表現の一種だとされているが、T+アルビノであるという説もある（現状はT+アルビノであるとする説が強い）。腹部の黒い部分が砂糖菓子の"Toffee"のようなやや淡めの茶色になることが名の由来。現状ではその他のハイポと称されるモルフとの互換性はないとされている一方、通常のアルビノ（T-アルビノ）との互換性はある。

タフィー

タフィー

タフィー

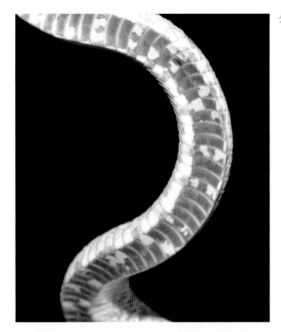

タフィー（腹部）

タフィー

Lesson 09 エヴァンスハイポ

劣性遺伝／野生由来

　他の爬虫類などでもしばしば見られる色彩変異の1つで、メラニン色素欠乏による色の変化であるが、こちらもタフィー同様にT+アルビノであるという説が強い。ハイポ表現と比べるとやや暗めな色彩となる個体も多い。このエヴァンスハイポ（Evans Hypo）は野生下で発見され、1990年代後半に最初に飼育下で孵化させ血統としてリリースしたブリーダー名（Evans氏）がその名の由来となっている。現状ではタフィー同様で、その他のハイポ表現のモルフとの互換性はないとされ、通常のアルビノ（T-アルビノ）との互換性はある。なお、同様の表現でダッチハイポ（Dutch Hypo）と呼ばれるものがある。こちらは2010年にオランダのブリーダーの元で偶然に発祥した表現で、赤みが強い（鱗に赤い斑点が出ることが多い）のが特徴で、腹面の鱗もやや透明感がある。こちらもまたエヴァンスハイポとの互換性はないとされているが確実な真相は不明である。

エヴァンスハイポ

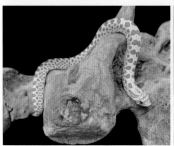 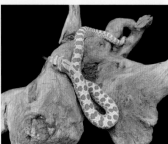

エヴァンスハイポ

10 キャラメル（キャラメルアルビノ）

劣性遺伝／飼育下発祥

　淡い色合いが非常に美しいメラニン色素欠乏モルフ。2000年代初頭にブリーダーが繁殖させていたエヴァンスハイポの中からこの遺伝を見つけたのが始まりであるとされている。この表現はT+アルビノとされるモルフの中で最もその特徴がはっきりと出ており、鱗の間に出る黒の斑点なども全くと言えるほどなく、腹面も白（クリーム色）一色の個体も多い。ただ、腹面に関しては、掛け合わせたことによりヘテロが入るとグレーの部分が現れることもある。これはポッシブルヘテロの見分けに利用できるとも言えるだろう。

キャラメル

キャラメル

キャラメル

Lesson

11 セーブル

劣性遺伝／由来不明

　メラニン色素欠乏のモルフが多いセイブシシバナヘビであるが、こちらは逆にメラニン色素の増加（沈着）が起きたモルフ。しかし、一般的によく使われるメラニスティック（Melanistic）とは表現しない。ここ数年で市場に出回るようになった新しいモルフで、黒というよりは焦げ茶色のような独特な色彩を持つ非常に特徴的なモルフである。

セーブル

セーブル

セーブル（腹部）

Lesson 12 ラベンダー

劣性遺伝／野生由来

　あきらかに作られたような美しい色合いを持つ人気の高いモルフだが、これはWC個体を飼育していた中で生まれた、メラニン色素欠乏の突然変異個体を固定維持した野生由来のT+アルビノとされるモルフ。幼体期は赤みの強い個体が多く、腹面はやや暗めの色だが、成長と共に名のとおり紫色に変化し、腹も淡い色合いに変わっていく。目はルビーアイだが濃く、黒に近い色を持っているため、黒目がちでかわいさが引き立っているだろう。成体の色が感情によって若干変化することが知られ、落ち着いている際はラベンダー色（紫色）のままであるが、怒ったりストレスを感じるとやや茶ばんだ色に変化する場合もある。これは本モルフのベース色が他のモルフよりも薄いため目立つというだけで、他のモルフでも起こっていることだと推測される。

ラベンダー

ラベンダー

ラベンダー

ラベンダー（頭部）

_{Lesson}
13 リューシスティック

劣性遺伝／野生由来

　これぞ白蛇というほどに純白で、表現として適切かどうかわからないが非常に"濃い白"を持つ、最大級に特徴的な色彩変異モルフ。野生由来で、2000年代初頭にアメリカの動物園が保有していた野生個体から突然生まれ、2010〜2015年前後に数名のブリーダーに譲渡された（その経緯は不詳）。その後、それらのブリーダー同士や愛好家との繋がりによって少しずつ世界に広がり、現在は主にEU圏で繁殖された個体が出回っている。数年前までブリーダーが販売しておらず、ペットトレード上で見られたとしていたとしても非常に高額だったが、ここ2〜3年（2021年頃）からようやく手の届くような価格になってリリースされた。もちろん、他のヘビにもリューシスティックは存在するが、セイブシシバナヘビのリューシスティックが持つ白色は群を抜いていると思う。幼体時期は皮膚の薄さからややピンクがかって見え、それはそれで非常に美しく愛らしいが、ほとんどの個体は成長と共に純白へと変化する。

リューシスティック

リューシスティック　リューシと略されて呼ばれることもある

Lesson 14 ピスタチオ

劣性遺伝／飼育下発祥

　色素欠乏モルフの一種。2009年にドイツのブリーダーの飼育下（ブリーディングライン）において繁殖した個体の中から突如出現した。全体的に淡い色合いを表現する個体が多いが、ダッチハイポのように赤みが強めの個体もいるため、見ためだけで本モルフを判別するのは非常に困難である。アナコンダを交配させたピスタチオコンダ（通称：グリーンゴブリン）はかわいらしさもあり人気が高いが、いかんせん出現して10年そこそこのため、その他のモルフとの交配に関してはまだ不明な点が多いモルフである。

ピスタチオ

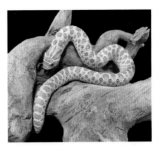

ピスタチオ

ピスタチオ

ピスタチオ（腹部）

ピスタチオ

Lesson

15 レモンゴースト

優性遺伝／野生由来

2000年代初頭、EUのブリーダーが野生個体を交配した時に出現した数少ない優性遺伝とされるモルフ。孵化直後はノーマルと見ための違いがあまりないが、成長すると共にベース色が黄色く変化する個体が多く、ブロッチも緑がかってくる。腹部は色の差があり、成体になると明るい黄色ほぼ1色となる個体もいれば、暗色のブロッチが点在する個体もいる。選別交配（ポリジェネティック）だとする説もあるが、優性遺伝であるという説のほうが濃厚のようだ。

レモンゴースト

レモンゴースト　なお、単に「ゴースト」とされるコンボモルフは、アザン
ティックとハイポから作出される二重劣勢モルフを指す

セイブシシバナヘビの近縁種たち

トウブシシバナヘビ

Heterodon platirhinos

分布：アメリカ合衆国東部（北米大陸を縦半分に分け
た東側）のほぼ全ての州
全長：60〜80cm前後

　セイブシシバナヘビと比べると鼻の反りは小さいが、本種は威嚇の際に首の後ろにある"フード"を
広げる個体が多く、その模様も相まってより毒蛇らしさが増した容姿・色合いが特徴。最大サイズは
本種のほうが大型になり、最大だと115cmのメスも確認されているが、成体の平均サイズは70cm前
後だと言われている。色彩の個体差（地域差）が激しく、ほぼ真っ黒な個体から褐色の個体や、黒と
赤のコントラストが美しい個体などさまざまである。2011年前後くらいまではWC個体やアメリカか
らのCB個体なども少量ずつながら流通が見られていたが、ここ数年は北米の野生生物保護の動きが
活発化し、WC個体の流通はほぼ見られなくなってしまい、CB個体もそれに比例するように流通が
減ってしまった。野生下ではセイブシシバナヘビ以上にカエル（特にヒキガエル類）を捕食すること
に特化しているとされ、それ故にマウスへの餌付きは非常に悪い個体が多く、特にWC個体に至って
はいきなりマウスを食べる個体はほぼ皆無であった。CBとして流通する個体も餌付いていない、も
しくは餌付きがあまい個体も多く、なかなかペット市場に定着していない理由はここにあるのかもし
れない。

ナンブシシバナヘビ

Heterodon simus

分布：アメリカ合衆国東部（フロリダ州南部から
ノースカロライナ州、西はミシシッピ州南部まで）
全長：35〜60cm前後

　一見するとセイブシシバナヘビに似る
が全くの別種で、トウブシシバナヘビと
の中間的な色柄を持つ。本属最小種で、
最大60cmと書いたが平均は45〜50cmで
あり、セイブシシバナヘビと比べてもひ
と回り小型である。地域差、個体差の多
いトウブシシバナヘビとは異なり、本種
は灰色や黄褐色・赤褐色がベースとなり、
背中にやや濃いめの赤色が乗るという色
彩がほとんどで、その背中に大きなブロッチが並ぶ。流通はトウブシシバナヘビ同様かそれ以上に少
なく、今も昔も欧米での繁殖個体がごく稀に流通する程度である。ただ、本種のほうがトウブシシバ
ナヘビと比べると餌付きはやや良い個体が多い印象であり、ドイツの爬虫類ショーなどでは本種を専
門に繁殖させているブリーダーも見られた。今後日本でも少しずつ繁殖例が出ることを期待したい。

トリカラーホグノーズスネーク（サンゴソリハナヘビ）

Xenodon pulcher

分布：ボリビア・パラグアイ・アルゼンチン北部
にまたがるグランチャコ地域・ブラジル南西部
全長：55〜70cm前後

　セイブシシバナヘビに容姿は非常に似
ているが、原産国は南米。学名（属名）
も異なる点からもわかるように分類上の
関係性は低いとされている。特徴は何と
言ってもその鮮やかな色彩であり、生息
地が同じ南米の猛毒の毒蛇であるサンゴ
ヘビ属（Micrurus属）のヘビに擬態して
いる。ペットとしての流通の歴史は比較
的古く、昔から主に欧米で繁殖された個
体が少量ずつながら流通していた。考えられる理由として、本種はマウスへの餌付けが可能であり、
最難関とするトウブシシバナヘビと比べると餌付けの難易度は下がるためブリーダーが多く出現した
と考えられる。ただし、そのマウスのみの給餌に疑問を呈しているブリーダーもおり、今後また定説
が変化する可能性があるかもしれない。なお本種もHeterodon属のヘビ同様に奥歯に毒を有するとさ
れており、その毒性はHeterodon属よりもほんの少し強いとされている。取り扱いには念のため注意
を払いたい。

【 コ ン ボ モ ル フ 】

　ここからはコンボモルフと呼ばれる、2モルフ以上の掛け合わせが行われたうえで出現するモルフと、続けて作出方法をいくつか紹介していく。表記されている組み合わせはあくまでも一例であり、モルフによっては他の掛け合わせ方法があるので、各自、遺伝情報などを頼りに組み合わせを探してみても良いだろう。ここではあくまでも、その作出したいモルフを使わずに作出する方法のみを紹介した。

　注意点としては、ここに記載の情報はあくまでも「2022年11月現在の情報」ということである。セイブシシバナヘビがメジャーになってきたのはここ10〜15年前後だろう。それでも筆者の記憶として15年くらい前は、スノーなどはまだまだ販売すらまともにされていなかったと記憶している。爬虫類に比べて歴史の長い熱帯魚の世界（グッピーをはじめとした卵胎生魚など）ですら未だに遺伝の情報が錯綜していたりするのに、魚よりも歴史が数倍浅く、しかも繁殖のサイクルが長い（成熟に時間のかかる）爬虫類の遺伝形式を、5年や10年やって解明しよう（知ろう）というのは虫の良すぎる話である。現在、NG（交配不可）とされている組み合わせが、実は問題なかったとされる可能性もおおいにあるだろう（実際にニシアフリカトカゲモドキなどでは例が出ている）。

　これは筆者個人的な考えかたであるが、人に「これとこれの組み合わせはダメだよ」「これとこれは不妊だと言われてるよ」などと言われたとしても、自分が納得するまでやってみてもいいと思う。3例や5例やっていてダメだったとしても、所詮その程度では「単に運が悪かった」だけとも考えられるので、周りに流されず自由にトライしていただきたい。

スノー　2007年に作出されたコンボモルフのパイオニア的存在。二重劣性

スノー

スノー

スノー

スノーコンダ（イエティ）

スノーコンダ（イエティ）

スーパーコンダ　共有性遺伝であるアナコンダから作出されたスーパー体

スーパーコンダ

スーパーコンダ

スーパーコンダ

コースト

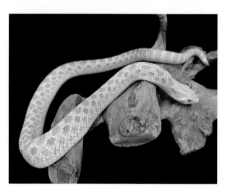

コースト

コースト（頭部）

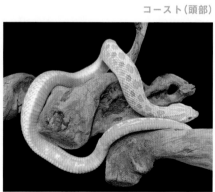

コースト

コースト（幼体）

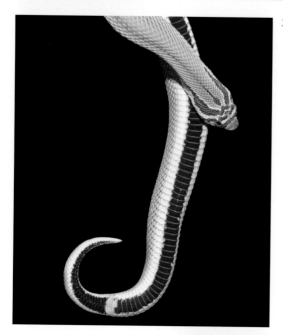

スーパーコンダ（腹部）

アルビノコンダ（腹部）

アルビノコンダ

アルビノコンダ

アルビノコンダ

アルビノコンダ　色調や斑紋は他のモルフと同じく個体ごとに多少の差異が見られる

アルビノスーパーコンダ

アルビノスーパーコンダ

アルビノスーパーコンダ

アザンコンダ

アザンコンダ

アザンスーパーコンダ

アザンスーパーコンダ

アザンスーパーコンダ（腹部）

アザンスーパーコンダ

スーパーアークティック

スーパーアークティック

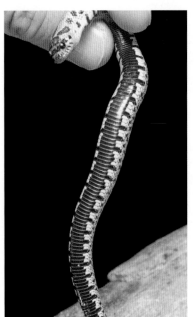

スーパーアークティック

スーパーアークティック（腹部）

スーパーアークティック

スーパーアークティックコンダ

スーパーアークティックコンダ

スーパーアークティックコンダ

タフィーコンダ

タフィーコンダ

タフィースーパーコンダ（キャンディ）

タフィースーパーコンダ（キャンディ）

タフィーグロウコンダ

タフィーグロウコンダ

バニラチェリータフィーコンダ

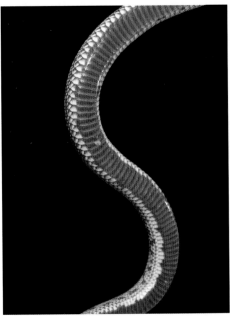

バニラチェリータフィーコンダ（腹部）

コンボモルフの作出

スノー
アザンティックHetアルビノ＋アルビノHetアザンティック
ノーマルHetアルビノ／アザンティック＋ノーマルHetアルビノ／
アザンティックなど

スノーコンダ（イエティ）
アルビノコンダHetアザンティック＋アザンティックHetアルビノ
アナコンダHetアルビノ／アザンティック＋アルビノHetアザン
ティックなど

スーパーコンダ
アナコンダ＋アナコンダなど

ゴースト
アザンティックHetエヴァンスハイポ＋エヴァンスハイポHetアザ
ンティック
ノーマルHetアザンティック／エヴァンスハイポ＋ノーマルHetア
ザンティック／エヴァンスハイポなど

アルビノコンダ
アルビノ＋アナコンダHetアルビノ
ノーマルHetアルビノ＋アナコンダHetアルビノなど

アルビノスーパーコンダ
アルビノコンダ＋アルビノコンダ
アナコンダHetアルビノ＋アナコンダHetアルビノなど

アザンコンダ
アザンティック＋アナコンダHetアザンティック
ノーマルHetアザンティック＋アナコンダHetアザンティックなど

アザンスーパーコンダ
アザンコンダ＋アザンコンダ
アナコンダHetアザンティック＋アナコンダHetアザンティック
など

スーパーアークティック
アークティック＋アークティックなど

スーパーアークティックコンダ
スーパーアークティック＋アークティックコンダ
アークティックコンダ＋アークティックコンダ（上位モルフのスー
パーアークティックスーパーコンダも出現）など

タフィーコンダ
タフィー＋アナコンダHetタフィー
ノーマルHetタフィー＋アナコンダHetタフィーなど

タフィースーパーコンダ（キャンディ）
タフィーコンダ＋アルビノコンダ
アナコンダHetアルビノ＋アナコンダHetタフィーなど

タフィーグロウコンダ
タフィーグロウ＋アナコンダHetアルビノ／タフィー
アナコンダHetアルビノ／タフィー＋アナコンダHetアルビノ／タ
フィー（上位モルフのタフィーグロウスーパーコンダも出現）など

バニラチェリータフィーコンダ（バニラチェリーコンダ）
タフィーコンダ＋ RBEパステルHetタフィー
アナコンダHetタフィー＋ RBEパステルHetタフィーなど

基 本 用 語 集

WCとCB	WC は Wild Caught（Catch の過去形）の略で、意味は野生採集。WC や WC 個体と書いてあったら野生採集個体という意味。一方、CB は Captive Breeding（Captive Bred とする場合もある）の略で、意味は飼育下繁殖。CB や CB 個体と書いてあったら飼育下で繁殖された個体という意味。
ハンドリング	手に生体を乗せたり、手で生体をある程度保定（逃げないように保持）したりすること。セイブシシバナヘビを含め、ヘビ、もっと言えば爬虫類の多くは「掴まれる」ように触られることを非常に嫌がる。個体の腹側に手を滑り込ませるように入れて、包み込むように持ち上げ、手や指に絡ませるようにし、ある程度ヘビの動きに任せるようにしてあげると良いだろう。
モルフ	英語の morph がそのまま使われているが、爬虫類飼育の場合は直訳である「姿,形」というよりは「品種（としての姿形）」という意味合いで使われる。何らかの形で遺伝性のある品種は基本的にこの「モルフ」にあてはまると言って良いだろう。
共優性遺伝	英語表記すると co-dominant（コドミナント）。遺伝形質の 1 つであり、優性遺伝よりさらに強い影響力を持つものという考えかたでも良いかもしれない。優性遺伝を持つモルフは、基本的にはその子供において 50% の確率で自身の特徴が遺伝する（例：ノーマル＋優性モルフ A = 50% ノーマル＆ 50% モルフ A）。そして、共優性は、そのモルフ同士を交配させるとその特徴をさらに濃く持った個体（親とは違った外見の個体）が 25% の確率で出るとされ、その個体は「スーパー体と呼ばれ、スーパー○○○という名が付けられる場合が多い（例：レオパードゲッコーのスーパーマックスノーなどがその代表）。セイブシシバナヘビにおいてはアナコンダやアークティックなどが共優性遺伝にあたり、数年前からスーパー体も市場に出回っている。
劣性遺伝	英語表記すると Recessive（リセッシブ）。こちらも遺伝形質の 1 つであり、劣性というと弱い遺伝子と思われがちだがそうではなく、優性や共優性と遺伝形質が違うだけである。言うなれば表現型として現れやすい遺伝とそうでない遺伝（こちらが劣性遺伝）と言えばわかりやすいだろうか。セイブシシバナヘビの劣性遺伝は非常に多く、アルビノを筆頭にアザンティック・タフィー・リューシスティック・ラベンダーなど多数存在する。仮にそれらをノーマルの個体と交配させた場合、次の世代での見ためは全てノーマルの個体が入り、100% の確率でヘテロ○○（ここの○○はその交配させた品種があてはまる）となり、ヘテロとなっている品種は全てこの劣性遺伝を持つという覚えかたでも間違いはない。
ヘテロ	正確な表記は Hetero で、ヘテロセクシャルの略称（反対語はホモセクシャル）。これはギリシャ語由来の言葉で「違う」「異なる」という意味合いがある。爬虫類界隈ではしばしば「Het」や「het」と表記されることが多く、その表記の後ろ側に付くモルフ名は「見ためには表現されていないけど、その個体の体内にはそのモルフ名の遺伝子が入っていますよ」という意味となる。たとえばノーマル Het アルビノという表記があれば、「見ためはノーマルだけど体内にはアルビノの遺伝子がありますよ」という意味になる。たまにこれを「アルビノヘテロ」と言う人もいるがそれは間違いで、話がややこしくなってしまう（全然違う意味になってしまう）ので注意が必要である。
ポリジェネティック	日本語に直せば多因性遺伝。親の形質（色柄や容姿など）が子に高い確率で遺伝することを意味し、それを持つとするタイプは、より特徴が顕著な個体同士を次々掛け合わせていくと、その特徴が強調されていく傾向が見られる。選別交配と言い直しても良いだろう。セイブシシバナヘビにおいては、ノーマルの中から生まれた赤みの強い個体を選別してさらに交配を進め、赤の強い個体を作り出したり、アルビノの中で赤みの強い個体を選別しエクストリームレッドアルビノと呼べるほどの赤みの強いアルビノを作り出したりすることがその代表と言える。
アルビノ	英語表記すると Albino。目の真っ赤なウサギは有名だと思うが、それも立派なアルビノである。赤目のアルビノはチロシナーゼというメラニン色素を作るための酵素が全く生成できないタイプのアルビノであり、しばしば T-アルビノ（ティーマイナスアルビノ）と表記される（T はチロシナーゼの T）。もう 1 つは T+アルビノ（ティープラスアルビノ）であり、チロシナーゼを生成できるタイプのアルビノである。よって目は赤くならず、ブドウ目（非常に濃い、黒に近い赤）となり、視力もさほど悪くない。
コンボモルフ	コンビネーションモルフと言う場合もある。英語のコンビネーションボーナス（Combination Bonus）の略語であり、元はゲームなどに使われる用語。爬虫類飼育においては、複数のシングルモルフを組み合わせてできた新しいモルフのことを指す。近年ではセイブシシバナヘビにもさまざまなコンボモルフが誕生しており、スノーやアルビノコンダなどの二重コンボはもちろん、アザンスーパーコンダなどの三重コンボも少しずつ出現している。
ヘミペニス	日本語にすると半陰茎。有鱗目のオスが持つ生殖器であり、ヘビの場合通常は総排泄口から尾先に向けて尾の中に収納されている。左右に 1 対あり、通常は見られないが、棘々しいものから花のような形のものまで、種類によりさまざま。役割だけで言えば 1 本あればことは足りるのだが、なぜ 2 本（1 対）あるのかの理由は未だ解明されていないとのこと。
自切	読みかたは「じぎり」ではなく「じせつ」。ヤモリやトカゲが尾を自らの意思や外部から何らかの力が加わったことにより尾を自ら切り離して（切り落として）しまうこと。セイブシシバナヘビを含むヘビは自切しないため、もし尾が短い個体などいたら、それは生まれつきや外傷による壊死によるものであることが多い。

Chapter 6

シシバナヘビのQ&A
── Question & Answer ──

 爬虫類の飼育経験がなくても飼えますか？

 飼えます！　と言いたいところですが、それはあなた次第です。本当に「セイブシシバナヘビを飼いたい！」という強い気持ちをお持ちならおそらく大丈夫でしょう。周りに流されて飼育を始めたり、簡単そうだからという理由で飼育したりする人は失敗、もしくは飽きてしまう場合が多いです。初挑戦の場合は、あまり小さな個体ではなくできるだけしっかり成長した大きめの個体から始めると良いでしょう。いずれにしても飼育の際はお店でしっかりとご相談されることを推奨します。「聞くは一時の恥、聞かぬは一生の恥」と言いますが、飼育の場合は「恥」だけではなく失敗に繋がるので…。

 寿命はどのくらいですか？

 メスは産卵の回数などによっても差が出てきますが、10〜18年前後という例が多いです（平均すると15年前後）。ただ、寿命といっても、極端に言えば個体によって違います。人間も全員が100歳まで生きるわけではありません。私個人の考えですが、飼育下での寿命は飼育者が握っていると考えています（飼育の仕方次第）。間違った飼育方法をしていれば寿命を簡単に縮めることになります。あまりに寿命を気にしすぎることは飼育するにあたってナンセンスであり、その個体が自身の飼育下で長生きできるよう全力で飼育に取り組みましょう。本文にも書きましたが、近年は過保護（餌の与えすぎなど）が原因で飼育者が寿命を縮めているケースが見られるので、肝に銘じましょう。

 噛みますか？

 もちろん口があるので噛みますよ…という意地悪な回答ではありませんが、噛むと思って接してください。温和な生き物で、怒ることはあっても怒りに任せて噛みついてくることはほぼありません。しかし、餌に対して非常に貪欲で、指を餌と間違えて噛んでくる個体は数多く、特にマウスのにおいが付いていたりすると勢いよく噛み付いてくることも多いです。これを治すことは不可能なので、餌に対する反応など、飼育している個体の特性を理解しながら接するようにしてください。同時に、噛まれることは100％人間側に落ち度があると思ってください（飼育技術不足・注意不足など）。

Q ハンドリングしたいのですが、どの個体も可能ですか?

A セイブシシバナヘビは温和な個体が多く、コーンスネークなどよりもハンドリングが容易な個体も多く見られます。しかし、100%可能か? と言われるとそうではありません。個体差があり、たまに非常に臆病で逃げがちな個体もいます(特に幼体期はその傾向が強いです)。あまりそのような個体を無理に触っているとストレスとなる可能性もあるので、個々の性格を理解したうえで慎重に行うようにしましょう。爬虫類飼育において必要以上に触る行為はあくまでも「人間のエゴ」であり、推奨できるものではありません。ハンドリングの方法については本文中に解説があるのでそちらをご一読ください。

Q キッチンペーパーやペットシーツを床材にして飼育できますか?

A 近年非常に多い質問です。キッチンペーパーに関しては本文でも触れたとおり、手間を考えたうえで使用するのは問題ありません。ただし、ペットシーツに関してはやや不安があります。大型のシシバナヘビがマウスを食べる際、万が一ペットシーツを巻き込んで食べてしまった場合、途中で気がついて吐き出すことはあまり考えられず、そのまま全部飲み込んでしまう可能性が高いでしょう。その点はキッチンペーパーや新聞紙を床材にしていても条件は同じなのですが、それらは所詮紙(天然素材)なので多少食べても大きな問題はありません。しかし、ペットシーツに含まれる吸水ポリマー材は人工物であり、消化はほぼできず、さらに体内でそれが膨張して滞留し、最悪の場合は開腹手術が必要となってしまいます。そういう意味でも、ペットシーツを使用する際は他の床材以上に特に給餌の時には気をつける必要があります。

Q 多頭飼育したいのですが、可能でしょうか?

A 難しいところですが、やめておいたほうが無難です。セイブシシバナヘビは野生下では多少なりとも爬虫類も捕食することが知られています。実際、冷凍マウスに餌付いていない個体にヤモリなどを与えると食べた例も多数あり、過去に見たことはありませんが、爬虫類を捕食する感覚で共食いをしてしまうこともわずかながら考えられます。また、餌を与えた時にマウスのにおいが別の個体に付着してしまったら、そのにおいのする個体を餌だと勘違いして食べようとする可能性は十分に考えられます。不必要な多頭飼育は避けたほうが良いでしょう。

旅行で1週間程度家を留守にする場合、
どうしたら良いでしょう?

 温度だけ気をつけたうえで「放置」していくことを推奨します。気温が高くなる時期、もしくは非常に寒い時期は、ゆるめの設定でも良いのでエアコンを付けっぱなしにして出かけることが無難です。餌は幼体であっても1週間程度はなくても大きな影響ありません(成体であれば2〜3週間でも余裕でしょう)。水分も通常どおり水入れを配置しておけば問題ありません。最も良くないのは、出かける直前にたくさん食べさせることと、心配だからと必要以上に温度を上げていくことです。出かける直前にたくさん食べて、不在中にもし何かの原因で吐き戻しをしてしまったら対処が遅れてしまいます。温度は餌を与えないことが前提のため、必要以上に高温にしてしまうと代謝が促されてしまい、無駄に空腹になってしまうと考えていただければ良いでしょう。お出かけ数日前にいつもの量を与え、水入れの水の交換をしていくだけで十分です。心配でしたら、近年はスマートフォンなどで映像が見られるペット用監視カメラのようなものも売られているので、それらを活用しても良いでしょう。

 冷凍マウスの消費期限はありますか?

厳密に設定されていませんが、あると思ってください。自身が「半年前くらいの冷凍された肉を喜んで食べたいか?」と聞かれたら自ずと答えは出るはずです。目安としては冷凍焼けをしない程度、だいたい2〜3カ月程度だと思っていただければ良いでしょう。ただし、小さいピンクマウスなどはもう少し早く使い切ると良いかもしれません。また、1度解凍されてしまったものは再冷凍はできません。保管期間はあくまでも「完全に冷凍された状態が続くこと」が条件となります。

 人間用のササミ肉なども食べますか?

思った以上に多い相談です。食べるか食べないかで言えば、おそらく食べる個体が多いでしょう。しかし「食べる」のと「飼育できる」のは大きく違います。たとえば、冷凍マウスを切らしてしまい、数週間買いに行けないけど、ササミなら手に入るという状況なら、一時的に与えても良いと思います。また、もしマウスは食べないけどなぜかササミなら食べるという個体であれば、餌付けの一環として使うことも良いでしょう。しかし、ササミはあくまでも鶏の「部位」であり、鶏全体を食べることになりません。それがマウスを食べることとの大きな違いであり、骨や内臓まで「丸々1匹」を食べられ、さまざまな栄養素を摂れるマウスを与えて育てることが重要となるのです。

Q イベントで購入した個体が餌を食べません。病気でしょうか?

A 近年イベントが増えることと比例して増えているご相談です。もちろん病気という可能性、もしくは、言いたくありませんが「餌付いている」という店側の言葉がウソである(餌付いていない)可能性も0%ではないですが、たいていの場合は環境の変化が原因だったりします。お店の管理温度は比較的高めの場合が多く、エアコン管理などで24時間ほぼ一定の温度を維持しています。それがイベント会場を経由して個人宅に移動するとなると、その間に温度が不安定だったり、個人宅に行っても冬場で夜間温度が若干低かったりすると餌を食べないことがしばしばあります。では、どうすれば良いかといえば、自身の飼育環境がよほどいい加減な温度設定や飼育状況にしていないかぎり、その温度のまましばらくあまり干渉せず飼育してみてください。その温度(環境)に慣れて餌を食べ始めることが多いでしょう。魚類などにもあてはまりますが、生き物(特に変温動物)は気温や水温・環境の変化があると、その状況に馴染むことを優先するため、捕食活動などを一時止めて馴染んだ頃にまた再開します。大型個体ほど時間がかかることが多いですが、焦らずじっくりやってみてください。餌を食べないと過剰に加温したがる人がいますが、場合によっては自殺行為になるので注意しましょう。

Q 不注意で逃がしてしまいました。どう対処したら良いでしょう?

A ヘビを飼育するうえで非常に多いご相談です。ヘビはとにかく逃げます。筆者も飼育を始める人に「絶対に逃げるものだと思って管理してください」とお伝えしています。ヘビを長年飼育している人で逃したことのない人のほうが少ないのではないでしょうか。かと言って、逃すことは褒められたことではないので、まずは何より逃さないようにケージをセットし、日々の管理を徹底してください。それでも逃がしてしまった場合、まずは室内を徹底的に探してください。セイブシシバナヘビは地上棲傾向が強いのであまり上のほうには行きませんが、行ける可能性がある場所は全て探します。洗濯物の間や本棚の隙間などは特に確認しましょう。また、生き物は壁に沿って移動する習性があるので、部屋の壁沿いや大きなラックなどを中心に探すことを基本としてください。もし見つからない場合、そして家の外に出てしまった可能性が少しでもある場合は、必ず最寄りの交番に届け出てください。その場合は落とし物として対応してくれます。怒られると思って届けない人が多いですが、怒られることはまずありません(逆に心配してくれることがほとんどです)。一般人が見つけてくれた場合、警察に届けられることが多く、うまく見つかる可能性も高いので、恥ずかしい・怖いなどと思わず警察を利用してください。

飼育していた個体が死亡してしまったら どうしたら良いでしょう?

飼育する以上、理由は多々ですが、飼育個体が死亡してしまうことは避けられません。以前は土に埋めてあげるという方法を推奨する傾向もありましたが、近年では日本にない病気や菌などの国内への広がりを防止する意味でも、やたらと埋めてしまうことはNGとされるようになりました。では、どうすればいいのか。いくつか例を挙げるとすると、ペット用の火葬をして遺灰を保管する、骨格標本にしてもらう、透明標本にしてもらうなどがあります。ペットを死後も身近に置いておきたい人はこれらはおすすめです。また、埋めることも、プランターや大きな鉢植えなど自然と接点のない土中ならば問題ありません。あまり土が少ないと土壌バクテリアが少なくうまく分解されずに腐って異臭を放つ原因となりかねないので注意してください。感情的に割り切れるのであれば可燃ゴミとして処理をするというのも1つの方法で、倫理的に言ってしまえば公園や野山に埋めたりするよりはよほど良いとされますが、これは各自でご判断ください。

セイブシシバナヘビの骨格標本（製作：骸屋本舗）

執筆者
西沢 雅 (にしざわ まさし)

1900年代終盤東京都生まれ。専修大学経営学部経営学科卒業。幼少時より釣りや野外採集などでさまざまな生物に親しむ。在学時より専門店スタッフとして、熱帯魚を中心に爬虫・両生類、猛禽、小動物など幅広い生き物を扱い、複数の専門店でのスタッフとして接客業を通じ知見を増やしてきた。そして2009年より通販店としてPumilio（プミリオ）を開業、その後2014年に実店舗をオープンし現在に至る。2004年より専門誌での両生・爬虫類記事を連載。そして2009年にはどうぶつ出版より『ヤモリ、トカゲの医食住』を執筆、発売。その後、2011年には株式会社ピーシーズより『密林の宝石 ヤドクガエル』を執筆、発売。笠倉出版社より『ミカドヤモリの教科書』など教科書シリーズを執筆、発売。2022年には誠文堂新光社より『イモリ・サンショウウオの完全飼育』を執筆、発売。

【参考文献】
・ビバリウムガイド（98号）
・クリーパー
・Designer-Morphs "Western Hognose Snakes"

STAFF

執筆	西沢 雅
写真・編集	川添 宣広
撮影協力	aLiVe、iZoo、エンドレスゾーン、桑原佑介、 サムライジャパンレプタイルズ、蒼天、T&Tレプタイルズ、 爬虫類倶楽部、プミリオ、HOG-STYLE、マニアックレプタイルズ、 骸屋本舗、リミックス ペポニ、レプティリカス、Revier
表紙・本文デザイン	横田 和巳（光雅）
企画	鶴田 賢二（クレインワイズ）

| 飼 育 の 教 科 書 シ リ ー ズ |

シシバナヘビの教科書

シシバナヘビの基礎知識から
飼育・繁殖方法と各品種の紹介

2023年1月5日　初版発行

発行者	笠倉伸夫
発行所	株式会社笠倉出版社 〒110-8625　東京都台東区東上野2-8-7 笠倉ビル ☎0120-984-164（営業・広告）
印刷所	三共グラフィック株式会社

©Kasakura Publishing Co,Ltd. 2022 Printed in JAPAN
ISBN978-4-7730-6142-0